Rolando Zucchini

Gli incommensurabili

evoluzione storica e filosofica del concetto di numero

Ritratti di Maria Nives Manara

Mnamon

Il misurare e il contare hanno rappresentato esigenze primarie fin da quando l'uomo è comparso sulla Terra. Nelle antichissime civiltà tale esigenza si presentava negli scambi e nei commerci, poi i numeri si sono diffusi in tutte le relazioni umane. Questo saggio tenta di ricostruire gli eventi salienti dell'evoluzione storica e filosofica del concetto di numero. Una sorta di compendio, uno sguardo panoramico, dalla numerazione arcaica sumera, agli assiomi dell'aritmetica, ai numeri *ipercomplessi*. Nei dieci capitoli si dà un ampio resoconto sugli studi per svelare il mistero dei numeri primi, delle più interessanti ricerche sulla cosiddetta quadratura del cerchio, sulla *sezione aurea* trattata con alcune considerazioni nuove e inedite. Sul piano filosofico è affrontato il concetto dell'Uno da Platone ad Husserl, e quello dell'infinito da Aristotele alla sistemazione data da Georg Cantor. Il testo principale, là dove ritenuto opportuno, contiene alcune dimostrazioni per una più chiara comprensione degli argomenti, sempre, però, in riferimento alla loro genesi storica. Nelle appendici ci sono approfondimenti, aneddoti, leggende e curiosità.

***

Nell'attuale civiltà delle tecnologie avanzate quali la cibernetica, la robotica, l'informatica, è prospettata una visione della scienza per tanti aspetti poco augurabile, protesa così com'è verso un efficientismo tecnico che perde di vista l'aspetto universale del sapere. La formazione dell'uomo moderno appare sempre più finalizzata all'inserimento in sistemi produttivi parcellizzati, predisponendolo a rinunciare alla coscienza del proprio essere sociale. La matematica e la filosofia si stanno adattando a questo processo, perdendo il loro ruolo formativo e la loro influenza sul piano conoscitivo. È auspicabile un recupero del loro senso originario umanistico sia classico che rinascimentale, a cominciare dai testi scolastici di matematica in adozione nelle scuole superiori, zeppi di inutili sequenze intermina-bili di esercizi tutti uguali, senza alcuna giustificazione. Sarebbe più proficuo risalire alle origini delle idee matematiche, alla loro connes-sione con i mutamenti degli orientamenti filosofici, alla concezione del mondo e della realtà che ci circonda, al contributo che hanno dato al progresso scientifico. La moderna dialettica uomo-macchina non deve, esclusivamente e semplicemente, allinearsi alle esigenze della cosiddetta *filosofia del computer*, con la pura razionalità di una scienza altamente tecnicizzata. L'insegnamento della matematica non può limitarsi a far apprendere automatismi di calcolo, ma deve riqualificarsi riappropriandosi del suo compito imprescindibile di formazione complessiva delle menti, contribuire a far comprendere le grandi congiunture storiche del pensiero, le strutture essenziali dalle quali sono derivate le moderne tecnologie, le possibili utiliz-zazioni di esse per un fine economico e sociale più equo, solidale, umano.

"Se avessi pensato (se pensassi) che la matematica è solo tecnica e non anche cultura generale, solo calcolo e non anche filosofia, cioè pensiero valido per tutti, non avrei fatto il matematico". (Lucio Lombardo Radice; Catania 1916 – Bruxelles 1982).

i. I sistemi di numerazione nell'antichità

Che il misurare e il contare abbiano rappresentato esigenze essenziali fin dalle antichissime civiltà è riscontrabile in tantissimi documenti. In tempi assai remoti, se non addirittura risalenti alle prime comunità di uomini che popolarono la Terra, l'esigenza si poneva nelle misure delle grandezze più comuni, quali la lunghezza di tratti di strade e di fiumi, l'estensione dei campi, il peso dei corpi. I metodi di misurazione di queste grandezze variavano da popolo a popolo e seguivano leggi diverse. Essi si basavano sul caso e sull'opportunità. Si trattava cioè di misure grossolane e imprecise, se non del tutto soggettive. Basti pensare che i pesi si deducevano dal carico degli animali da soma, le linee venivano indicate in cubiti (braccia), e le superfici dei terreni in iugeri: giornate impiegate da una coppia di buoi per ararle. Con lo svilupparsi dei commerci, queste diverse e assai incerte misurazioni creavano enormi problemi; perciò sorse la necessità di trovare un sistema di numerazione il più possibilmente comune. Un sistema, cioè, nel quale utilizzare una sequenza finita di cifre e di regole per combinarle tra loro, in modo da esprimere un numero. Per numero s'intende la misura della quantità da descrivere e per cifra uno dei simboli utilizzati per rappresentare il numero (v. App. i/1).

È da credere che prima del 6000 a.C. non esistesse alcun sistema di numerazione e, quindi, nessun numero. È verosimile, però, che i numeri venissero espressi mediante una corrispondenza biunivoca con un insieme di oggetti quali i sassolini, asticciole, le tacche incise su un'asta di legno (v. App. i/3). Fu proprio attorno al 6000 a.C. che s'inventarono i primi numeri utilizzando i simboli (cifre). Per base di un sistema di numerazione è da intendere il numero dei simboli (o delle cifre) utilizzati per rappresentare i numeri. Il posizionamento dei simboli rispetta la sintassi: le regole che consentono la scrittura e la lettura dei simboli. Le regole sono cambiate nel corso dei secoli (v.App. i/2), fino a giungere, con l'avvento dei numeri indiano-arabi (900 circa), all'attuale sistema di numerazione a base decimale (v. Cap. iii).

***

I primi a darsi un sistema di numerazione ben definito furono i sumeri (v. App. i/4), un popolo che risale al 6000 a.C. e abitava le terre della cosiddetta mezzaluna fertile, denominata Terra di Sumer: una zona pianeggiante e paludosa, bagnata dai fiumi Tigri e Eufrate, tra il mare Mediterraneo e il golfo Persico, confinante a nord con le montagne dell'Anatolia, e a sud con il deserto arabico. Grazie alla fecondità della terra e al loro ingegno, i sumeri erano ricchi e disponevano di grandi quantità di derrate alimentari stipate in appositi magazzini. Carovane di mercanti viaggiavano per scambiare e vendere i prodotti della Terra di Sumer in Mesopotamia e con gli elamiti (v. App. i/5). Così fu che per esigenze di commercio inventarono la scrittura e si occuparono di matematica, in particolare di geometria e di aritmetica. Fondarono scuole per istruire gli scriba: scrivani e contabili. Usando il sistema di numerazione sumera, gli scriba erano capaci di calcolare le potenze, estrarre le radici, risolvere equazioni con due incognite. In un documento di scrittura cuneiforme c'è finanche la testimonianza di una formula per calcolare l'interesse composto del 20% in un determinato periodo di tempo. Quando la Terra di Sumer fu conquistata e sottomessa dai semiti e fu fondato l'Impero Babilonese (4000 a.C. (?)), la numerazione sumera non subì alcun mutamento, anzi, fu usata per altri mille anni, e, in certi aspetti, copiata dagli egiziani.

Ma: in cosa consiste la numerazione sumera?

I sumeri per scrivere i numeri si servivano di due simboli che rappresentavano l'unità e la decina. Probabilmente scelsero queste due quantità perché l'unità era l'elemento costitutivo del tutto e la decina faceva riferimento alle dieci dita delle mani. Il concetto dell'Uno, come avremo modo di vedere nel Cap. ii, sollevò appassionate discussioni e le speculazioni filosofiche su di esso si protrassero fino al XIX sec.; mentre la decina, come corrispondenza biunivoca con le dita delle mani, suggerirà la numerazione indiano-araba a base decimale.

Con l'uso di questi due simboli (fig. 1) venivano rappresentati i numeri da 1 a 59. (È evidente che ogni riferimento alla nostra numerazione non ha alcun valore storico, né, tanto meno, logico – matematico, ma è usato esclusivamente come confronto e comparazione).

1 = ▭ 10 = ◯

fig. 1

Partendo da queste due cifre base, i primi nove numeri venivano rappresentati con la ripetizione del simbolo dell'unità tante volte quante ne occorrevano. I numeri 10, 20, 30, 40, 50, dalla ripetizione della decina. Cosicché, volendo scrivere il numero 33, usando i simboli di fig. 1, si ha:

▭ ▭ ▭ ◯ ◯ ◯

Successivamente introdussero altri simboli (fig. 2) a significare il numero 60 = 10x6, 600 = 60x10, 3600 = 60^2, 36000 = 60^2x10, e così via, rispettando l'ordine della progressione numerica:

1

10

60 = 10x6

$600 = (10 \times 6) \times 10$

$60^2 = (10 \times 6 \times 10) \times 6$

$6000 = (10 \times 6 \times 10 \times 6) \times 10$

$60^3 = (10 \times 6 \times 10 \times 6 \times 10 \times 6 \times 10) \times 6$

...

$60 =$ $600 =$ $3600 =$ $36000 =$

fig. 2

È da notare come i simboli in fig. 2 siano quasi uguali a quelli della fig. 1. Essi differiscono per grandezza e per la presenza di un forellino centrale.

La numerazione sumera potrebbe essere intesa a base binaria, essendo due le cifre principali (l'unità e la decina). Oppure, dato che nuovi simboli, leggermente modificati rispetto a quelli già in uso, venivano aggiunti per poter rappresentare numeri sempre più grandi, tale sistema non ha alcuna base. O, come dire, la base del sistema della numerazione sumera era in continuo divenire. Di certo si trattava di una numerazione additiva nella quale, per rappresentare una certa quantità (numero), venivano ripetute le cifre tante volte quante ne erano necessarie. Inoltre era costruita in forma sessagesimale, alternando le cifre 6 e 10, cioè due divisori complementari di 60. Sistemi sessagesimali sono tuttora usati nella misurazione del tempo e degli angoli.

Attorno al 3500 a.C., esclusa l'unità già simbolicamente orizzontale, i simboli non circolari subirono una rotazione di 90 gradi in senso antiorario e divennero orizzontali con la punta arrotondata volta a destra. Nello stesso periodo introdussero il simbolo

a rappresentare la sottrazione. Esso era usato per scrivere i numeri 9; 18; 38; 57;... (fig. 3).

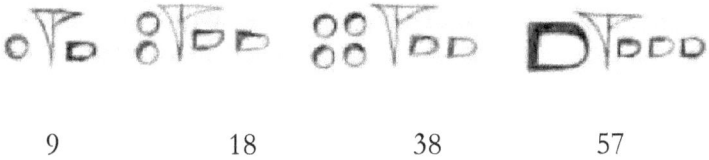

9   18   38   57

fig. 3

Queste modifiche erano tese a semplificare e ad accorciare le stringhe delle sequenze dei simboli. Nonostante ciò la numerazione sumera comportava lunghe catene di cifre, e, forse, fu per questo che, a partire dal 3000 a.C., venne abbandonata la scrittura cosiddetta arcaica, per sostituirla in maniera graduale, con quella cuneiforme. Il passaggio da una scrittura all'altra si completò tra il 2700 e il 2600 a.C.. La scrittura cuneiforme usava anch'essa la tecnica dell'incisione su argilla molle mediante attrezzi chiamati calami (v. App. i/6). Il nuovo stile rivoluzionò i simboli rappresentativi dei numeri, compreso quello della sottrazione che divenne più stilizzato (fig. 4), ma lasciò inalterata la sintassi (regole) della numerazione.

fig. 4

Il sistema numerale sumero volse al termine con la 1^ Dinastia Babilonese (XV – XIV sec. a.C.). Esso fu sostituito da quello babilonese, anch'esso additivo sessagesimale e, per i numeri superiori a sessanta, additivo posizionale sessagesimale. In altri termini quest'ultimi erano intesi come polinomi numerici a base 60. Per esempio il numero 7421 era rappresentato dalla sequenza:

Ossia: 7200 + 180 + 41

Cioè: $2 \cdot 60^2 + 3 \cdot 60^1 + 41$

I simboli erano assai simili a quelli sumeri. Le uniche diversità consistevano nel fatto che i babilonesi non fecero uso del segno di sottrazione (meno) e per la prima volta utilizzarono lo zero

inteso però come spazio vuoto tra un blocco di cifre e quello successivo. Così per il numero 3604 si ha la sequenza di fig. 5:

fig. 5

Nella quale il primo simbolo rappresenta la potenza 60^2.

Il sistema di numerazione egizio, dopo quello sumero, fu il più diffuso a quei tempi. Si trattava di un metodo di numerazione di tipo additivo che usava sette simboli, ognuno dei quali indicava la potenza del dieci (fig. 6).

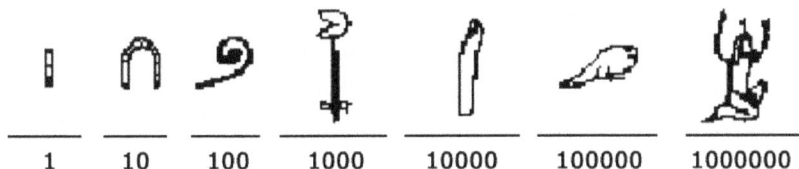

| 1 | 10 | 100 | 1000 | 10000 | 100000 | 1000000 |

fig. 6

Gli etruschi, dopo un periodo assai lungo nel quale usarono per i conteggi intermediari oggettuali quali tacche o chiodi o sassolini, passarono alla numerazione scritta. I simboli usati erano sette e il sistema era additivo quinario. I simboli, ritrovati in antiche scritture, variavano per epoca e zona, essenzialmente, però, erano quelli riportati in fig. 7.

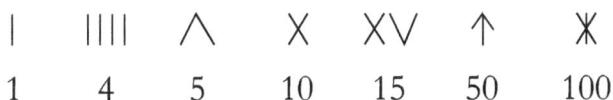

| 1 | 4 | 5 | 10 | 15 | 50 | 100 |

fig. 7

La numerazione romana fu sicuramente quella più usata sia per la durata che per l'estensione dell'Impero. Essa si protrasse fino al XVI secolo e, in alcune applicazioni, è tuttora in uso.

È un sistema additivo che utilizza sette lettere alle quali è attribuito un preciso valore:

I = 1, V = 5, X = 10, L = 50, C = 100, D = 500, M = 1000,

Se la lettera è soprastata da una linea orizzontale il suo valore è moltiplicato per mille. Bordandola con due linee verticali ai lati e una linea orizzontale soprastante il suo valore è moltiplicato per 100.000, mentre se è soprastata da due linee orizzontali il suo valore è moltiplicato per 1.000.000. Gli antichi romani non conoscevano la parola milione o miliardo. Il milione era detto dieci centinaia di migliaia e il miliardo mille migliaia di migliaia.

Per scrivere un numero combinavano le sette lettere per ottenere delle sequenze. La combinazione delle lettere rispettava la seguente sintassi:

- Le cifre I, X, C e M potevano essere ripetute al massimo tre volte, mentre V, L e D non potevano essere inserite più di una volta. In alcuni documenti compaiono scritture di numeri con quattro simboli, per esempio IIII o CCCC.

- Una sequenza di simboli letterali non doveva presentare valori crescenti, ma solo decrescenti, e il valore totale si otteneva sommando i valori dei simboli indicati: II = 2, XII = 12, XXIII =23, CXXXV = 135, DLV = 555, MMCVIII = 2108.

- Se un simbolo (lettera) era seguito da un altro simbolo di valore maggiore, allora il primo simbolo andava sottratto al secondo. Cioè il loro binomio dava come risultato la differenza tra i due: IV = 4, IX = 9, XL = 40, XC = 90, CD = 400, CM = 900.

Alcuni studiosi affermano che il principio di differenza, o metodo sottrattivo, fu introdotto durante il Medioevo per accorciare le stringhe, ma duali di questo tipo sono stati ritrovati negli scavi dell'antica città di Pompei, ciò conferma l'ipotesi che fossero già in uso nell'antica Roma.

- Solo I, X e C potevano essere usati in modo sottrattivo.

Tutti, o quasi, concordano sul fatto che con i numeri romani non si potessero eseguire le quattro operazioni con il metodo cosiddetto della messa in colonna, e che esse venissero effettuate mediante l'utilizzo di uno strumento chiamato abaco: una sorta di pallottoliere, costituito da una tavoletta (generalmente di bronzo) dotata di scanalature nelle quali scorrevano pietruzze o altri piccoli oggetti (v. App. i/7). Eppure, se si tiene presente la seguente tabella (una specie di tavola pitagorica), che indicava le regole per il funzionamento dell'abaco:

IIIII = V VV = X XXXXX = L LL = C CCCCC = D DD = M

Si potrebbe pensare che eseguissero l'addizione nel modo che segue:

27 + 35 = 62 →   XXVII (+)
                 XXXV =

                 XXXXXVVII = LXII

135 + 225 = 360 →   CXXXV (+)
                     CCXXV =

                     CCCXXXXXVV = CCCLX

$1236 + 2571 = 3807 \rightarrow$

MCCXXXVI (+)

MMDLXXI =

MMMDCCLXXXXXVII =

MMMDCCLLVII =

MMMDCCCVII

Tale metodo è applicabile anche quando compaiono i binomi sottrattivi IV, IX, XL …, che potrebbero essere scritti: I'V, I'X, X'L, … Tenendo conto che due lettere opposte si elidono a vicenda si ha:

$14 + 38 = 52 \rightarrow$

XI'V (+)

XXXVIII =

XXXXVVI'III =

XXXXXII =

LII

$149 + 234 = 383 \rightarrow$

CX'LI'X (+)

CCXXXI'V =

CCCLX'XXXXVI'I' =

CCCLXXXIIIIII'I' =

CCCLXXXIII

Considerandola come l'inversa dell'addizione il metodo è applicabile anche alla sottrazione.

43 - 21 = 22 →   X'LIII (-) XXI = X'LIII (+)
                       X'X'I' =

                       LX'X'X'IIII' =
                       XXXXX X'X'X'II =
                       XXII

165 - 123 = 42 →   CLXV (-) CXXIII = CLXV (+)
                       C'X'X'I'I'I' =

                       X'LV I'I'I' =
                       X'LIIIII I'I'I' =
                       X'LII

Se compaiono binomi sottrattivi va considerato che l'opposto di un opposto è uguale a se stesso: Cioè: I'' = I, X'' = X, …

144 − 139 = 5 →

CX'LI'V (-) CXXXI'X =

CX'LI'V (+)

C'X'X'X'I''X' =

L X'X'X' X'X'VI'I =

XXXXX X'X'X' X'X'V =

V

Per la moltiplicazione e la divisione i calcoli si complicano, ma, considerando la moltiplicazione come l'iterazione di una addizione e la divisione come l'inversa della moltiplicazione, anche queste due operazioni potrebbero essere risolte con il cosiddetto metodo in colonna.

**

Oltre ai sistemi di numerazione descritti, ce ne sono stati tanti altri, da quello dell'antica Cina, a quello delle antiche civiltà Maya. La rappresentazione dei numeri ha subito una continua evoluzione, fino a quando, dopo la rivoluzione francese e con la Convenzione di Parigi del 1875, fu adottato, ufficialmente e universalmente, il sistema additivo posizionale decimale.

Appendici al Capitolo i

Appendice i/1

Per *cifra* s'intende un simbolo usato nella rappresentazione di un *numero*. Un *numero* è una sequenza di cifre ordinate rispettando determinate *regole*. Nei vari *sistemi di numerazione* variano sia le cifre sia le regole. Lo stesso numero, quindi, può essere rappresentato in modi diversi. Il numero tredici, per esempio, è **13** nella numerazione decimale, ιγ nella numerazione greca, **XIII** nella numerazione romana, **1101** nella numerazione binaria.

Appendice i/2

Nel corso della storia dei numeri tanti sono stati i sistemi di numerazione. Essi hanno adottato cifre e regole diverse, però per tutti sono validi i seguenti termini: *alfabeto*, *base*, *sintassi*. L'*alfabeto* è l'insieme dei simboli. La *base* è il numero dei simboli. La *sintassi* sono le regole. I sistemi di numerazione possono essere suddivisi in tre categorie principali: *additivi*, *posizionali*, *ibridi* o *misti*. Nei sistemi di numerazione additivi i simboli vengono scritti in sequenza e sommati uno all'altro. La posizione dei simboli non è di per sé significativa, ma, generalmente, è imposta una sintassi che regola l'ordine col quale posizionarli. L'esempio più evidente di questo sistema è la numerazione romana. Nei sistemi di numerazione posizionali, alle cifre (simboli) utilizzati sono attribuiti valori diversi assecondo la posizione occupata nella rappresentazione del numero. Nei sistemi di numerazione ibridi o misti sono utilizzati contemporaneamente entrambi i sistemi sopraddetti. Il sistema arabo – indiano a base decimale (comprensivo dello zero) è un sistema ibrido additivo – posizionale (alcuni lo definiscono posizionale), infatti un numero può essere considerato come sommatoria di un polinomio numerico a base 10.

$$(125)_{10} = 1\cdot10^2 + 2\cdot10^1 + 5\cdot10^0$$

In base 2 si ha:

$$(1101)_2 = 1\cdot2^3 + 1\cdot2^2 + 0\cdot2^1 + 1\cdot2^0 = (13)_{10}$$

Appendice i/3

Una corrispondenza biunivoca tra due insiemi A e B è la relazione che associa ad ogni elemento dell'insieme A un solo elemento dell'insieme B e viceversa (*one to one*). Graficamente è rappresentata come in figura.

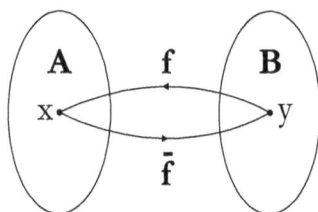

Cioè:

$$\forall x \in A, \exists y \in B: y = f(x)$$
$$\forall y \in B, \exists x \in A: x = \overline{f}(y) \text{ in cui } \overline{f} \text{ è la funzione inversa di } f.$$

Appendice i/4

Terra di Sumer: la mezzaluna fertile

Oltreché bravi matematici i sumeri furono abili ingegneri e architetti. Costruirono città ricche di palazzi e vie di comunicazione. Si appassionarono all'astrologia e scoprirono costellazioni, inventarono un calendario per contare i giorni e le stagioni. I loro interessi spaziarono dalla letteratura alla scultura. In quest'ultima divennero abili nella lavorazione dell'alabastro. Tra il 6000 e 4000 a. C. la Terra di Sumer fu la regione più sviluppata al mondo.

Appendice i/5

La civiltà elamita si sviluppò a sud-ovest dell'altopiano iranico. La sua origine risale a circa 4000 anni a.C. ed ebbe il suo massimo splendore nella città di Susa. Tra il IV e il III millennio a. C. fu una civiltà più progredita di quella egizia. Le ceramiche elamite sono state riconosciute tra le più belle del mondo antico, così come le statue e i bassorilievi. La religione elamita era politeista e le divinità incarnavano gli astri del cielo e i fenomeni meteorologici. Gli elamiti erano naturalisti, e la loro mitologia conferma questa asserzione. A quanto narra la leggenda, infatti, riportata persino nella Bibbia, gli elamiti discendevano da Elam figlio di Sem, progenitore di tutti i semiti.

Appendice i/6

Nel sistema di numerazione sumero *arcaico*, le *cifre* venivano incise su tavolette di argilla molle usando un attrezzo chiamato calamo. Due erano i *calami* usati di differenti sezioni. Erano asticciole di legno appuntite da una parte, mentre l'altra, la base, era scavata a mo' di cerchietto al centro. Nella scrittura cuneiforme si usava un unico attrezzo appuntito per incidere sull'argilla i *pittogrammi* (forme di scrittura disegnata che riproduce oggetti e cose) e gli *ideogrammi* (concetti definiti da un simbolo: così come i numeri). I più importanti reperti di scrittura sumera sono stati rinvenuti a Uruk, nella bassa Mesopotamia, nell'attuale città di Warka. Si tratta di piccole placche di argilla secca, confezionate rispettando dimensioni e modelli standard a forma di tavoletta.

Appendice i/7

L'*abaco* o *abbaco* (dal latino *abacus*) è un antico strumento di calcolo, utilizzato come ausilio per effettuare le operazioni aritmetiche. Il suo uso risale all'incirca al 1000 a. C. in Cina. Fu usato dai greci e dai romani. In versioni sempre più sofisticate il suo uso si protrasse fino al Medioevo. In quel tempo alla parola abbaco si associava il significato generale di aritmetica. Fu proprio nel tardo Medioevo, con l'avvento in Europa della numerazione decimale, che venne costruito un *abaco* a linee orizzontali a rappresentare le potenze successive del 10. Questo strumento restò in uso fino al 1700. Nella forma più semplice di pallottoliere fu usato fino ai tempi moderni, quando fu sostituito dal regolo calcolatore e successivamente dalle prime calcolatrici scientifiche. In figura è rappresentato un *abaco* romano.

Ne esistevano di vari tipi. Il più comune era costituito da scanalature verticali, sette principali, una per ogni lettera della numerazione romana, e, a sinistra e a destra, da altre due scanalature secondarie, nelle quali, si suppone, venissero posizionati i resti delle divisioni e le frazioni. Infatti con l'*abaco* si eseguivano non solo le addizioni e le sottrazioni, ma anche le moltiplicazioni e le divisioni. I *calculatores* (ragionieri dell'epoca), i commercianti e gli esattori delle tasse, lo tenevano nella palma della mano, ed erano dei veri esperti nell'uso di questo strumento. Da sinistra verso destra le sette scanalature principali rappresentavano le migliaia di migliaia (MM), le centinaia di migliaia (CM), le decine di migliaia (XM), le migliaia (M), le centinaia (C), le decine (X) e le unità (I). L'*abaco* era suddiviso in due parti: una inferiore dove in ogni scanalatura venivano riposti cinque sassolini (il numero dei sassolini variava assecondo la grandezza dei calcoli da eseguire, mai comunque superiore a cinque, e dal valore attribuito alle linee verticali) e una superiore più corta dove era riportato il risultato dell'operazione. Nell'*abaco* in figura è rappresentato il numero 100.111.

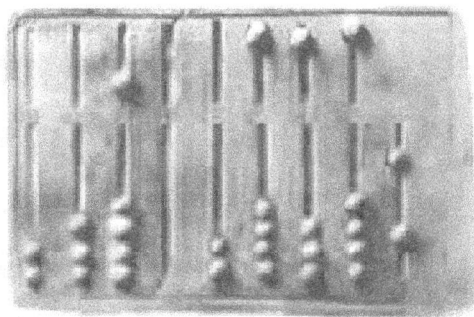

ii. La numerazione greca. Il concetto filosofico dell'Uno.

Sebbene il motto dei Pitagorici fosse *"Tutto è numero"*, è da ritenere che il loro primo sistema di numerazione, detto *attico – erodianico*, fu preso in prestito dagli egizi. Evidenti analogie esistono tra i simboli numerali attici greci e quelli demotici egizi (in uso dall'ottavo secolo a.c. fino al 450 (?)). Probabilmente l'espandersi dei commerci, dopo il 600 a.c., tra gli egizi e i greci, indusse quest'ultimi ad adottarlo adattandolo ai loro scopi. Entrambi i sistemi usavano nove *cifre*: le unità si contavano da uno a nove, le decine da dieci a novanta, e così via. Entrambi non comprendevano lo zero.

Nella numerazione arcaica greca *attica – erodianica* la unità era rappresentata da un cerchietto (o) o da un trattino verticale (|) o da un arco aperto a destra ((), la decina da un trattino orizzontale (–), la centinaia da una sorta di capitello (¬), le migliaia da un alberello (ψ), le decine di migliaia con una capanna simboleggiata da (⌂). Altri segni venivano usati per rappresentare valori maggiori fino a un massimo di nove simboli diversi tra loro. Così come quello egiziano, il sistema di numerazione attico usava il metodo additivo. Per rappresentare il numero 8559 occorrevano ben ventisette segni: 8(1000) + 5(100) + 5(10) + 9(1). Intorno al VI secolo a.C., per semplificare le scritture furono introdotte delle *cifre* a rappresentare la metà della decina, la metà della centinaia, e così via. Lo stesso numero 8559 poteva essere scritto con 11 simboli: 1(5000) + 3(1000) + 1(500) + 1(50) + 1(5) + 4(1). L'introduzione di queste nuove *cifre* riduceva la lunghezza delle sequenze, ma creava grosse difficoltà nei calcoli. Fu per questo che la numerazione attica, tra il 475 e il 325 a.C., fu sostituita con la numerazione *ionica* o sistema *numerale alfabetico*. Esso divenne il preferito tra i popoli di lingua greca, e restò in uso fino alla caduta dell'Impero Bizantino nel XV secolo. La numerazione *attica* fu comunque adoperata dai grandi geometri dell'antica Grecia:

da Talete (di Mileto; 624 - 548 a.C. (?)) a Pitagora (di Samo; 570 – 495 a.C.(?)), e tanti altri.

***

La numerazione ionica faceva uso delle lettere dell'alfabeto greco, più tre dell'alfabeto arcaico: il *digamma* (Ϝ), che in età medievale venne deformato in *stigma* (ς), il *qoppa* (Ϟ) e il *sampi* (Ϡ).

In totale ventisette lettere. Con le prime nove si indicavano i numeri da 1 a 9, dalla decima alla diciottesima i numeri da 10 a 90, e con le ultime nove i numeri da 100 a 900 (fig. 1).

α	β	γ	δ	ε	ς	ζ	η	θ	ι	κ	λ	μ	ν
1	2	3	4	5	6	7	8	9	10	20	30	40	50

ξ	ο	π	ϙ	ρ	σ	τ	υ	φ	χ	ψ	ω	Ϡ
60	70	80	90	100	200	300	400	500	600	700	800	900

fig. 1

Quindi, per esempio, 323 = τκγ. Era possibile scrivere numeri superiori a 999 = ϞϠΘ. Per le migliaia fino a novemila si faceva precedere un numero unitario da un apostrofo: 1000 = ʻα, 2000 = ʻβ, 3000 = ʻγ, e così via. Per le decine di migliaia si usava il simbolo M elevato a potenza: 10000 = Mˆα, 20000 = Mˆβ,... 120000 = Mˆα β, … Per rappresentare le frazioni, i greci posizionavano l'apostrofo dopo la lettera: β' = 1/2, θ' = 1/9, e così via. Se il numeratore non era unitario la scrittura delle frazioni creava delle ambiguità, perché βε' poteva essere letto come 2/5 o come 1/25. Si pensò allora di aggiungere un trattino alla lettera che occupava il numeratore: β̄ε' = 2/5. Diofanto (di Alessandria; III – IV sec. d.C. (?)) (v. App. ii/1) introdusse, per le frazioni, una rappresentazione analoga alla nostra, nella quale, però, le posizioni del numeratore e del denominatore erano invertite: ε/β = 2/5.

***

Il sistema di numerazione *ionico* fu senza dubbio il più sintetico e il più razionale. Esso permise ai greci i grandi progressi a loro riconosciuti nell'aritmetica e nella geometria. La *generazione* dei numeri suscitò appassionate discussioni fra i più illustri pensatori. Nel III capitolo avremo modo di vedere che già Platone avvertiva la necessità di dare all'aritmetica un fondamento assiomatico. Nei libri VII, VIII e IX, definiti aritmetici, e nel libro X, nel quale sono trattati alcuni numeri irrazionali, dei famosi *Elementi* di Euclide, si trovano mirabili speculazioni sui numeri primi e sulle grandezze incommensurabili.

Per i greci la *creazione* dei numeri rappresentò un argomento inesauribile di speculazioni filosofiche che hanno occupato gli studiosi della cultura greca fino al secolo XIX e oltre. Tuttora si tenta di meglio approfondire il loro pensiero. Specialmente il *concetto dell'Uno* fu lungamente meditato. L'Uno, prima ancora che nella filosofia occidentale, fu trattato in antichissime civiltà orientali, in Cina e in India. Alcuni lo fanno risalire ai testi sacri della tradizione induista, trascritti a partire dal 3500 a.C.. In occidente venne probabilmente studiato per la prima volta nella *Scuola Pitagorica* (v. App. ii/2). Pitagora identifica l'Uno con il principio fondante e unificatore della realtà (*l'archè*), e gli attribuisce l'origine comune di tutti gli altri numeri, e, quindi, della molteplicità. Essendo un numero dispari, egli gli assegna la qualità del limite, cioè della perfezione. Parmenide (d'Elea; 540 a.C. (?)), fondatore della *Scuola Eleatica* (v. App. ii/3), riconduce l'intera realtà all'Uno. Così come riportato nel trattato *Sulla natura*: "*La molteplicità e i mutamenti del mondo fisico*, afferma, *sono illusori, e, pertanto, contrariamente al senso comune, esiste soltanto la realtà dell'Essere: immutabile, ingenerato, finito, immortale, unico, omogeneo, immobile, eterno*". E ancora: "*L'Essere... è infatti un intero tutt'uno, immobile e senza fine. Non era mai o sarà, perché è ora tutto insieme Uno continuo*". Per Parmenide l'Essere è Uno e indivisibile, perché se fossero due occorrerebbe postulare una diversità, ma qualcosa che fosse diverso dall'Essere non potrebbe essere, perché sarebbe un non-essere, o richiederebbe la presenza del non-essere come elemento separatore. Egli basa, come si nota, le sue affermazioni sulla logica formale della non-contraddittorietà.

Eraclito (di Efeso; 535 – 475 a. C. (?)), uno dei maggiori pensatori presocratici, diversamente da Parmenide, considera reali sia la molteplicità che le contraddizioni, accettando l'una e le altre come dati di fatto e non come errori del pensiero, tuttavia anche per lui il divenire consiste nelle variazioni di un identico substrato chiamato *Lògos*: "*Tutte le cose sono Uno e l'Uno tutte le cose*, scrive *Sulla natura*, e ancora: *questo Cosmo è lo stesso per tutti... da sempre è, e sarà*". La visione immanentista di Eraclito influenzerà la corrente filosofica dello *Stoicismo* (300 a.C.) (v. App. ii/4). Dopo Eraclito è Empedocle (di Agrigento; 500 a.C. (?)) a riassumere i caratteri dell'Uno dentro *lo Sfero* dell'Universo, nel quale i quattro elementi che costituiscono la natura si trovano uniti dalla forza attrattiva dell'*Amore*.

Platone (428 - 347 a.C.), pur salvaguardando l'integrità dell'Uno, non riduce la molteplicità a semplice illusione. Nella sua opera assai complessa ed enigmatica, in forma di dialogo, *Parmenide* (del quale si professa erede), egli si pone il problema del come e del perché dall'Uno hanno origine i molti, giungendo alla conclusione che nell'Uno, identificato da lui con l'Idea del Bene, sia implicita una dualità, la quale, esplicitandosi nel mondo sensibile, si manifesta come dualismo. "*Se l'Uno sarà identico a se stesso, non sarà Uno con se stesso e così, pur essendo Uno non sarà Uno. Ma questo è certamente impossibile. Dunque e anche impossibile per l'Uno o essere diverso da altro o essere identico a se stesso*". Per Platone l'*Uno* assieme alla *Diade indefinita* sono i principi generatori del tutto, pur se in se stessi non sono ancora numeri. Ai numeri, egli dice, spetta un posto sul piano delle Idee. Già nella *Repubblica* Platone ammette l'esistenza di realtà intermedie tra le cose sensibili e le idee. E queste realtà sono i numeri usati in aritmetica e le misure di grandezze nella geometria.

La soluzione prospettata da Platone sarà contestata da Aristotele (n. 384 a.C.). Egli gli rimprovera di sdoppiare gli enti, quando nella realtà l'*entelechia* (che nella filosofia aristotelica rappresenta l'attuazione di una realtà che ha raggiunto il suo massimo sviluppo) ha in se stessa e non in cielo le leggi del suo proprio costituirsi. In Aristotele, comunque, come già in Platone, la molteplicità è solo un aspetto transitorio e accidentale della realtà, mentre il carattere essenziale degli enti è dato dalla loro unità e unicità. Viene così mantenuto il primato dell'Uno, inteso all'apice quale motore responsabile del passaggio degli organismi dalla potenza all'atto.

Sta di fatto che queste diversità di vedute, seppure sfumate, impedirono una ponderata e attenta considerazione dell'Uno come *generatore* dei numeri e, quindi, di dare, così come avvenne per la geometria di Euclide, una base assiomatica all'aritmetica. Bisognerà aspettare più di duemila anni prima che ciò avvenga con Giuseppe Peano (v. Cap. iii).

Plotino (di Licopoli; 204 (?) – 270) (v. App. ii/5), erede di Platone e di Parmenide, pone l'Uno al di sopra dell'Essere stesso. Per spiegare l'origine della molteplicità a partire dall'Uno, egli concepisce l'Assoluto non come una realtà statica e definita, perché se ciò fosse sarebbe oggettivabile e quindi conoscibile, ma come attività mai conclusa che genera continuamente se stessa. Nelle *Enneadi*, la sua opera più importante, scrive: "… *Nell'atto di autocreazione l'Uno e il suo creare sono contemporanei, oppure che l'Uno coincide con il suo creare e con quella che sarebbe lecito chiamare la sua eterna generazione… È il Primo, e non il primo di una serie, ma nel senso della forza e della potenza frutto di autodeterminazione e di purezza"*. L'Uno, come in *estasi* (uscire fuori da sé), trabocca per la sua abbondanza, non perché ne abbia bisogno ma perché il donare fa parte della sua natura. È quella di Plotino una concezione dell'Uno nuova e originale per la filosofia greca, essa è avvicinabile a quella delle filosofie orientali. Per meglio far comprendere il modo in cui l'Uno si sparge nel molteplice, egli lo paragona a una sorgente luminosa che diffonde nel buio la propria luce, la quale si affievolisce man mano che si allontana. I due estremi, luce e tenebra, sono però uno solo, perché l'oscurità non ha sorgente, ma è là dove non c'è più luce. Per certi aspetti, quindi, l'Uno si può paragonare a un cerchio nel quale gli estremi si ricongiungono. Si tratta cioè della dualità platonica che si risolve in una unità. Nell'impossibilità di oggettivare l'Uno, Plotino lo ammette però per una necessità della logica formale, poiché non può esistere coscienza della molteplicità senza rapportarla all'Uno. Così egli scrive nelle *Enneadi*: "*In realtà, noi possediamo l'Uno in modo tale che possiamo parlare di Lui, pur senza poterlo definire: e infatti diciamo quello che "non è", e non quello che "è"; così parliamo di Lui a partire da quello che viene dopo di Lui. Nulla vieta però di possederlo, anche senza parlarne*".

Il concetto dell'Uno circolare plotiniano sarà raccolto dal Cristianesimo interpretandolo in senso monoteistico. Sant'Agostino (354 – 430) concepisce Dio come la meta naturale a cui aspira la ragione, e nel quale la discordanza dualistica tra soggetto e oggetto, pensiero ed essere si riconcilia in unità. I teologi cristiani medievali nell'Uno vedono la prima persona della Trinità, il Dio Padre che si rivela solo tramite il proprio figlio Gesù Cristo. Niccolò Cusano (Kues 1401 – Todi 1464) dirà che l'Uno è il punto supremo in cui gli opposti coincidono. Esso non può essere compreso razionalmente, ma solo a livello intuitivo, pur essendo all'origine della razionalità. L'Uno è un cerchio dilatato all'infinito nel quale si ritrovano a coincidere tutti i diametri e tutti i raggi. Anche Marsilio Ficino (1433 – 1499), nel Rinascimento (v. App. ii/6), riprende l'idea neoplatonica di Plotino e vede nell'Uno un Dio inteso come movimento circolare che si diffonde nel mondo a causa del suo amore infinito, per produrre negli uomini il desiderio di ricongiungersi a Lui. Al centro di questo processo circolare c'è l'uomo, fatto a immagine e somiglianza divina, specchio fedele dell'Uno che tiene legati in sé gli estremi opposti dell'Universo. Giordano Bruno (1548 – 1600) identifica l'Uno con la totalità dell'Universo che egli immagina come un grande organismo vivo e animato, la cui complessità e molteplicità deriva dall'armonico articolarsi di un principio semplice e immediato: l'Uno.

Questa visione è ripresa da Spinoza (Baruch (Benedetto) Spinoza; Amsterdam, 1632 – 1677). Egli, tendendo a ricomporre il dualismo cartesiano (v. App. ii/7), pone un'unica sostanza a fondamento del suo sistema filosofico: Dio che si attua come Natura. Le due modalità con cui ci è possibile percepirlo, il pensiero e l'estensione, sono simili alle onde che si formano sulla superficie di uno stesso mare. Per Spinoza, dunque, è assurdo postulare due sostanze così come propugnato da Cartesio. In natura tutto è causato da un principio unico e infinito, cioè Dio, che non è da intendersi quale primo anello della catena di cause, ma come sostanza unitaria di questa stessa catena.

Dopo Spinoza, Leibniz (Gottfried Wilhelm von Leibniz; Lipsia 1646 – Hannover 1716), pur suddividendo la materia in un numero infinito di *monadi*, attribuisce a queste le caratteristiche dell'Uno inteso come energia vitale e centro di ogni rappresentazione dell'essere.

I filosofi del *romanticismo*, partendo dal *"io penso"* di Kant (Immanuel Kant; Königsberg, 1724 – 1804), per indicare l'unità sintetica originaria senza la quale non si può avere consapevolezza della molteplicità, riprendono il concetto dell'Uno e ne fanno la condizione sostanziale della conoscenza. Fichte (Johann Gottlieb Fichte; Rammenau 1762 – Berlino 1814) individua nell'*Io assoluto* l'attività unitaria da cui tutto ha inizio. Così come in Plotino, l'io non è concepito solo come una semplice realtà, ma come un movimento infinito che pone se stesso quale risultato del suo agire, in contrapposizione dialettica con il *non-io*. All'Uno dunque non si giunge per via teoretica, ma attraverso l'agire etico. Schelling (Friedrich Wilhelm Joseph von Schelling; Leonberg 1775 – Bad Ragaz 1854), uno dei massimi esponenti dell'idealismo tedesco assieme a Fichte e Hegel, riprendendo dal neoplatonismo, afferma che l'*assoluto* non è raggiungibile per via oggettiva e razionale, ma solo intuitivamente, in quanto esso è unione tra oggetto e soggetto, finito e infinito. È in questa dualità che l'Uno esplica la sua attività tra Spirito e Natura. Si tratta di due poli opposti ma complementari, ognuno dei quali non può sussistere senza l'altro. Con Hegel (Georg Wilhelm Friedrich Hegel; Stoccarda 1770 – Berlino 1831) avviene il capovolgimento della concezione neoplatonica dell'Uno. Esso non è più concepito come origine, ma punto di arrivo. Egli lo pone al termine del percorso dialettico, non più unione immediata e originaria tra essere e pensiero, ma unione mediata. Così mentre l'Uno di Plotino restava collocato su un piano mistico e trascendente, e da lui si generava il divenire e il molteplice, in Hegel l'Uno viene identificato nella molteplicità stessa. Egli infatti riteneva irrazionale affermare l'esistenza di una realtà autonoma in sé e per sé, e che essa doveva essere posta in relazione col suo opposto. In tal modo Hegel sovvertì la logica della non-contraddittorietà e fece coincidere l'Uno con la molteplicità. I suoi allievi Engels e Marx diedero a questa impostazione dell'Uno una variante materialista che fu rilevante per la sua portata storica e sociale.

Appendici al Capitolo ii

Appendice ii/1

Sulla vita di Diofanto si sa ben poco. Vissuto nel periodo tra il III e il IV secolo d.C., alcuni ritengono che, assieme a Pappo (di Alessandria; 300 (?)), sia stato l'ultimo dei grandi matematici greci. Diofanto scrisse un trattato sui *numeri poligonali* e sulle frazioni, ma la sua opera principale è l'*Arithmetica*, trattato in tredici volumi dei quali soltanto sei giunti fino a noi. La sua fama è principalmente legata a due argomenti: le *equazioni indeterminate* e il *simbolismo matematico*. La leggenda narra che sulla sua tomba volle come epitaffio la seguente scritta:

"*Questa tomba rinchiude Diofanto e, meraviglia! dice matematicamente quanto ha vissuto. Un sesto della sua vita fu l'infanzia, aggiunse un dodicesimo perché le sue guance si coprissero della peluria dell'adolescenza. Dopo un altro settimo della sua vita prese moglie, e dopo cinque anni di matrimonio ebbe un figlio. L'infelice (figlio) morì improvvisamente quando raggiunse la metà dell'età che il padre ha vissuto. Il genitore sopravvissuto fu in lutto per quattro anni e raggiunse infine il termine della propria vita*".

Posta x l'età di Diofanto, risolvendo l'equazione: $x/6 + x/12 + x/7 + 5 + x/2 + 4 = x$

si ha $x = 84$.

La *Scuola pitagorica* fu fondata da Pitagora a Crotone, colonia dorica sulla costa orientale della Calabria, nel 530 a.C.. In essa si studiava non solo l'aritmetica e la geometria, ma anche l'astronomia, la filosofia e la musica. Fu in questa scuola che furono compiute importanti scoperte matematiche, quali quella dei numeri irrazionali (logica conseguenza del famoso teorema di Pitagora) e dei poliedri regolari. Nel suo *Commentario* (fonte di tante e importanti informazioni sulla filosofia e la scienza nella Grecia antica), Proclo (411 – 485) scrive che i pitagorici attribuivano ai numeri proprietà non solo matematiche, ma che fossero espressione dell'intero esistente. *"Tutto è numero"* sembra che fosse scritto all'ingresso della Scuola. Per i pitagorici esiste una coppia di principi: l'*Uno: principio limitante*, la *diade: principio illimitante*. Tutti i numeri derivano da questi due principi. I numeri *dispari* dal principio limitante, i numeri *pari* da quello illimitante. Quindi, poiché i numeri si dividono in *pari* o *dispari*, e rappresentano il mondo, l'opposizione tra i numeri si riflette in tutte le cose. Da qui la divisione dualistica del mondo e la suddivisione della realtà in categorie antitetiche: i cosiddetti *opposti pitagorici*. Ecco le prime dieci coppie: bene – male; limitato – illimitato, dispari – pari, rettangolo – quadrangolo, retta – curva, luce – tenebra, maschio – femmina, uno – molteplice, movimento – stasi, destra – sinistra.

Ai numeri venivano anche attribuiti significati filosofici, geometrici e astronomici. La *monade* indicava l'*Uno*, né *pari* né *dispari*, ma entrambi. Ad esso veniva assegnato il compito di rappresentare geometricamente il punto. La *diade* (femminile, indefinito, illimitato) rappresentava l'opinione sempre duplice, e in geometria la linea. La *triade* (maschile, definito, limitato) geometricamente rappresentava il piano. La *tetrade* rappresentava la giustizia in quanto divisibile equamente da ambo le parti. In geometria è la rappresentazione di una figura solida. La *pentade* rappresentava la vita e il potere. La stella inscritta nel pentagono era il simbolo dei pitagorici. E, infine, la *decade*: il numero perfetto. Secondo la loro concezione astronomica i pianeti erano dieci. Il numero dieci veniva rappresentato da un triangolo equilatero di lato 4. Su questa figura giuravano coloro che aderivano alla Scuola. Inoltre il dieci *contiene* l'intero Universo, essendo esso dato dalla somma: 1 + 2 + 3 + 4, cioè dei quattro numeri rappresentativi dell'intera geometria.

***

Su Pitagora esistono numerose leggende. Due sono tra le più curiose. La prima narra della fobia per le fave. Non solo non le mangiava, ma evitava con esse ogni tipo di contatto. Secondo la leggenda, mentre scappava dagli sgherri di Scirone (figura mitologica greca, figlio di Poseidone), piuttosto che mettersi in salvo attraversando un campo di fave, preferì fermarsi e farsi uccidere. La seconda è legata al suo essere vegetariano. Egli è considerato l'iniziatore del *vegetarismo*. La leggenda lo descrive come un acerrimo nemico di coloro che mangiavano carne. L'uccisione degli animali per cibarsi della loro carne la considerava una crudeltà inaudita, in quanto la Terra offriva piante e frutti sufficienti a nutrire tutti gli uomini senza inutili spargimenti di sangue. Il vegetarismo di Pitagora pare sia originato dalla sua credenza nella *metempsicosi*, per la quale negli animali non c'è un'anima diversa dagli esseri umani.

Appendice ii/3

La Scuola eleatica fu una scuola filosofica presocratica, attiva a Elea (colonia greca dell'antica Lucania sulle coste del Cilento, da cui prese nome) tra il VI e IV sec. a.C.. Il suo esponente principale, riconosciuto come fondatore, fu Parmenide, e tra i suoi allievi più illustri si annoverano Zenone (d'Elea; 504 a.C.(?)), Melisso (di Samo;

480 a.C.(?)), Senofane(di Colofone; 570 – 475 a.C. (?)). La filosofia di Parmenide fu ripresa da Platone nella sua *Methaphysica*.

Appendice ii/4

Lo *stoicismo* fu una corrente filosofica – spirituale con forte orientamento etico, fondata ad Atene nel 300 a.C. da Zenone (di Cizio; 333 – 263 a.C.). Prende nome dal termine *Stoà Pecìle*: il portico dipinto dove Zenone teneva le sue lezioni. Gli stoici sostenevano le virtù dell'autocontrollo e del distacco dalle cose terrene, per raggiungere l'integrità morale e intellettuale nell'ideale dell'*atarassia*: la serenità dello spirito che il saggio trova liberandosi dalle passioni. Riuscirci dipende dalla capacità del singolo individuo di rendersi libero dalle idee e dai condizionamenti della società in cui vive. Lo stoico, comunque, non è un solitario, egli non disprezza la compagnia ed esercita la solidarietà verso i bisognosi. Allo *stoicismo* aderirono filosofi e uomini di stato. Nell'Antica Roma si completò con le virtù della dignità, del portamento e il disprezzo per le ricchezze e la gloria mondana. Questa filosofia fu adottata dall'imperatore Marco Aurelio e dai filosofi Seneca e Catone. Ad essa s'ispirò anche Cicerone.

Appendice ii/5

Plotino fu uno dei più importanti filosofi dell'antichità. Erede di Platone e padre del neoplatonismo aveva un'innata sfiducia nella materialità, ritenendo che i fenomeni e le forme (*eidos*) fossero solo una pallida imitazione (*mimesis*), di qualcosa *"di più alto e comprensibile"* che è *"la parte più vera dell'autentico Essere"*. Il suo allievo-biografo Porfirio (di Tiro; 234 (?) – 305) racconta che si rifiutava di farsi ritrarre e che non parlò mai dei suoi avi, del luogo e della data di nascita. Egli riteneva che fosse nato a Licopoli in Egitto, e avesse 66 anni quando morì nel 270, perciò fissò la sua data di nascita attorno al 204. Plotino iniziò lo studio della filosofia a ventisette anni e non scrisse nulla fino all'età di 49 anni. Iniziò a scrivere le *Enneadi* nel 253 e la stesura lo impegnò fino alla sua morte. Porfirio precisa che, prima di essere riordinate e compilate da lui stesso, le *Enneadi* erano solamente un accumulo di note e appunti che Plotino usava nelle sue lezioni. Morì in una località imprecisata della Campania. L'amico Eustochio (di Alessandria), che gli stava accanto nel momento del trapasso, raccontò che le sue ultime parole furono: "*Sforzatevi di restituire il Divino che c'è in voi stessi al Divino del Tutto*". Mentr'egli proferiva queste parole un serpente strisciò sotto il letto e sgusciò fuori dalla stanza attraverso un buco nel muro. Proprio in quel momento Plotino morì.

Appendice ii/6

La filosofia rinascimentale è completamente permeata dalla tensione verso l'Uno. Si va alla ricerca di un sapere unitario in grado di raccordare tutte le conoscenze e che sappia ricondurre la molteplicità all'unità e la diversità all'identità. Proprio per questo, durante il Rinascimento, ricevettero un grande impulso tutte quelle discipline, quali l'algebra, la geometria, la numerologia, l'astronomia, che risultavano tra loro connesse e miravano a interpretare la realtà in maniera simbolica e unitaria. Anche la ricerca della *pietra filosofale* da parte degli *alchimisti*, è da ricondurre alla convinzione che tutti gli elementi dell'Universo provengano da un'unica sostanza (la *quintessenza*) (da: *Introduzione all'alchimia* di A. M. Partini, pubblicato sulla Rivista Simmetria n. 3, 2000/2001).

Renè Descartes (Cartesio)

Renè Descartes, latinizzato in Renatus Cartesius e italianizzato in Renato Cartesio (La Haye en Touraine; 1596 – Stoccolma 1650), estese la concezione razionalistica della conoscenza alla precisione e alla certezza della matematica, dando vita a quello che fu definito *razionalismo continentale*: un movimento filosofico che fu dominante in Europa tra il XVII e XVIII secolo. Egli è ritenuto il fondatore della filosofia e della matematica moderna. Secondo Cartesio solo due fenomeni non possono essere descritti mediante sistemi meccanici/matematici: la *mente* e il *linguaggio*, perciò, per esse, era necessaria una spiegazione al di fuori del dominio della scienza, e quindi in un dominio ontologicamente separato dalla materia. Tra la materia e il pensiero non poteva esistere alcuna influenza di tipo casuale. Il dualismo cartesiano è un concetto che risale a Platone. In Cartesio esso si esplica soprattutto nella dualità mente - corpo. Negli ultimi anni della sua vita, nello scritto *Le passioni dell'anima*, sostenne che la mente (o anima) e corpo non sono separati ma intimamente mischiati. Esisterebbe un punto privilegiato nel quale mente e corpo interagiscono: la ghiandola pineale (o epifesi, situata al centro del cervello; v. Nota). Nel corpo umano, attraverso i nervi, correrebbero certi *spiriti animali* che funzionano da messaggeri per i nostri sensi, interagendo così con la mente. A lui è attribuita la frase: *cogito ergo sum*.

Nota: La ghiandola pineale (epifesi, definita anche *terzo occhio*) produce il DMT (*dimetiltriptammina*), sostanza in grado di portare l'individuo ad avere viaggi extradimensionali e extratemporali. Ciò accade prevalentemente di notte durante i sogni, quando la ghiandola pineale è maggiormente attiva. Apparentemente oggi non si dà molta importanza al terzo occhio. Ciò ha portato alla atrofizzazione graduale di tale organo e al conseguente calo dell'immaginazione e della spiritualità. Pare che sia stato riscontrato che la graduale atrofizzazione dell'epifesi sia in stretta correlazione con un certo rimbambimento del genere umano.

iii. I numeri naturali. I postulati di Peano.

A introdurre in Europa lo zero e il sistema di numerazione posizionale indiano, e, quindi, a dare l'avvio allo sviluppo dell'aritmetica così come oggi la conosciamo, fu Leonardo Pisano detto Fibonacci (Pisa, 1170 – 1240(?)) (v. App. iii/1), quando, nel 1202, pubblicò il suo libro più famoso *Liber abaci*. Nell'incipit di questo libro egli scrive: "*Le nove cifre indiane sono: 9 8 7 6 5 4 3 2 1. Con queste nove cifre e con il segno 0, che gli arabi chiamano zefiro, si può scrivere qualsiasi numero come è dimostrato sotto*". È interessante notare che egli indichi lo zero come un segno e non come una cifra (cioè un numero), e lo chiami zefiro (v. App. iii/2), che per gli arabi indicava il concetto del nulla. Eppure, nonostante questa manchevolezza, a lui spetta il primato di aver introdotto nel nostro continente la numerazione indiana, anche detta indiana-araba. Probabilmente nel suo lungo soggiorno in Africa settentrionale, nella città di Bugia (l'odierna Behaia, in Algeria), Fibonacci venne in contatto con la cultura matematica islamica, la quale aveva nel persiano Musa al-Khwàrizmì (v. App. iii/3) il suo più insigne esponente, assieme all'egiziano Abu Kamil (v. App. iii/4). La matematica araba era in stretta relazione con quella indiana, ma è da ritenere che all'epoca non fossero a conoscenza che, al di là del fiume Indo, erano andati oltre, e, con un ardito passaggio logico, avevano elevato lo zero a "*numero vero*". Cosicché, mentre gli arabi parlavano ancora di una numerazione che aveva per base nove cifre e il simbolo dello zefiro (zero), in India già si faceva riferimento a un sistema di numerazione posizionale fondato sulla base di dieci cifre, compreso lo zero.

Alcuni storici sostengono che non sia stato Fibonacci il primo ad avere la cognizione del sistema di numerazione indiano-arabo, e che prima di lui lo abbia conosciuto il monaco francese Gerberto de Aurillac, vissuto tra il 950 e il 1003 (v. App. iii/5), il quale, però, nulla pubblicò in proposito. È dunque a Fibonacci che viene riconosciuto ufficialmente il merito storico di aver fatto entrare nella cultura matematica europea la numerazione indiana-araba.

✳✳✳

Nell'antica Grecia, la concezione platonica dell'aritmetica riconduce la generazione dei numeri all'unità e alla dualità; e anche la molteplicità infinita viene ricondotta a queste due specie. In quel tempo l'aritmetica e la teoria dei numeri, a differenza di quanto accadde per la geometria, non conobbe seri tentativi di darsi un fondamento, eppure in alcuni scritti di Platone sembra affacciarsi l'idea di una sua possibile assiomatizzazione, così come avvenne per la geometria euclidea.

Ma: a livello di assiomi, cosa deve presupporre l'aritmetica?

Se dovessimo rispondere con il metro del nostro tempo, potremmo dire che i suoi presupposti stanno nei cosiddetti postulati di Peano dei quali parleremo più avanti in questo capitolo. Essi infatti garantiscono l'esistenza dei numeri naturali, ma, nella realtà, il fatto che vi siano i numeri naturali è indimostrabile con i metodi matematici e la loro esistenza può essere garantita solo assiomaticamente. Per questo la concezione platonica di generare i numeri da un sistema di presupposti altro non è che il tentativo di dare una fondazione filosofica all'esistenza dei numeri naturali. I presupposti platonici per una possibile assiomatizzazione dell'aritmetica non sono propriamente concetti, ma, piuttosto, proposizioni nelle quali viene affermata l'esistenza delle entità riconducibili a questi concetti. Nei tre libri cosiddetti *aritmetici* degli *Elementi* di Euclide (VII, VIII e IX) compaiono definizioni ma non assiomi, diversamente da ciò che accade nei libri geometrici, nel primo dei quali la definizione del cerchio (I - def. 5) viene data chiamando in causa il terzo postulato. Ciò si ripete in tante altre definizioni, e rafforza l'idea che le definizioni, di per se stesse, non garantiscono l'esistenza dei concetti. Euclide, nel VII libro degli *Elementi*, cerca invano i postulati per l'aritmetica. Nel suo *Commentario*, Proclo (Licio Diadoco; 411 –485) scrive che i postulati sono qualcosa di specificatamente geometrico, mentre le *"nozioni comuni"* sono presupposte anche dall'aritmetica. Gli assiomi presentati da T. L. Heath (Thomas Little Heath; 1861 – 1940) in *The thirteen Books of Euclid's Elements* (1956) come fossero implicitamente presupposti da Euclide per l'aritmetica (tra i quali la transitività della relazione di misura) non garantiscono in alcun modo l'esistenza dei numeri naturali. La *generazione dei numeri* di Platone vuole colmare questa lacuna. Pur se i risultati furono, sotto questo aspetto, insoddisfacenti, la constatazione dell'impossibilità di stabilire, deducendoli dai principi, gli assiomi per l'aritmetica, rappresentò, comunque, un punto di arrivo di notevole interesse. La lacuna fu colmata 2200 anni dopo da Weirstrass (Karl Theodor Wilhelm Weierstrass; Ostenfelde 1815 - Berlino 1897) (v. App. iii/6) e Dedekind (Julius Wilhelm Richard Dedekind; Braunschweig 1831 – 1916) (v. Cap. v), il quale, nel 1888, pubblicò un breve saggio sui numeri nel quale dimostrò come si potrebbe far derivare l'aritmetica da un insieme di assiomi. Una versione più semplice di questa teoria fu formulata l'anno successivo da Peano. Ed è a quest'ultima che si fa riferimento quando si parla di assiomi dell'aritmetica. Certo, non va trascurata una differenza. Platone voleva di più rispetto ai matematici moderni. Infatti gli assiomi che lui richiedeva non dovevano essere solo stabiliti, ma essere dedotti dalla teoria dei principi. L'intento di Platone sembra essere stato quello di generare dai principi non solo i predicati dei numeri, ma i numeri stessi. I principi generatori, l'Uno e la Diade indefinita, in se stessi, non sono ancora numeri. Ai numeri ideali spetta un posto sul piano delle Idee, mentre ai numeri matematici spetta un posto sul piano della realtà matematica. L'argomentazione di Platone di una distinzione categoriale fra le entità matematiche e le Idee consisteva nel fatto (come spiega nella *Methaphysica*) che vi può essere soltanto una idea del cerchio o del numero tre e così via, mentre le operazioni matematiche quasi sempre presuppongono l'esistenza di più cerchi o di più numeri tre, come, ad esempio nella addizione $3 + 3 = 6$. In effetti, nella tradizione aritmetica neoplatoniana di Edmund Husserl (Edmund

Gustav Albrecht Husserl; Prostejov 1859 – Friburgo 1938), filosofo e matematico austriaco naturalizzato tedesco, fondatore della fenomenologia, si ritrovano diversi modi per definire il concetto di numero, che può essere ricondotto a due precisi livelli: una definizione si riferisce ai principi dell'unità e della molteplicità, l'altra, invece, all'Uno aritmetico come punto di partenza della sequenza numerica. A partire da questo Husserl procede a ricavare per astrazione il concetto generale di aggregato concepito come collettivo delle unità costitutive di una molteplicità. Procedendo a contare tali unità, si arriva al concetto di numero. Husserl riconosce l'esistenza autonoma dei numeri come forme generali, cioè strutture rappresentative del soggetto, le quali condizionano l'attività conoscitiva. In Platone, invece, i numeri ideali sono le essenze stesse dei numeri. In quanto tali non sono sottoponibili a operazioni aritmetiche. Il loro status metafisico è ben differente da quello aritmetico, perché non riproducono semplicemente numeri ma l'essenza stessa dei numeri. I numeri ideali, quindi, costituiscono i supremi modelli dei numeri matematici. Essi sono derivati dai principi, e rappresentano in forma originaria e paradigmatica la struttura sintetica dell'unità nella molteplicità, che caratterizza tutti i piani del reale a tutti gli altri livelli. "*Platone afferma* (riferisce Aristotele negli scritti sulle Idee)*che, accanto ai dati sensibili e alle forme (idee), esistono enti matematici intermedi fra gli uni e le altre, i quali differiscono dai sensibili perché immobili ed eterni, e differiscono dalle forme perché ve ne sono molte simili, mentre ciascuna forma è solamente una e individua*". Platone ha introdotto questi "*enti matematici intermedi*" per distinguere nettamente le realtà sensibili da quelle intelligibili. Le operazioni aritmetiche implicano molti numeri uguali e le operazioni geometriche implicano molte figure uguali e tante altre che sono una variazione della medesima essenza (così come i triangoli di vario tipo: equilatero, isoscele, scaleno). I numeri ideali, invece, così come ciascuna forma ideale, sono unici e non sono operabili. Aristotele confuta la visione platonica, affermando che i numeri ideali e le forme ideali non hanno un'essenza propria, ma *parassitaria*, in quanto, come qualsiasi altro *accidente*, per esistere hanno bisogno di una sostanza a cui riferirsi. Non esiste il 3, ma gruppi di tre cose, e così per tutti gli altri numeri. Eppure, esistendo di fatto i numeri nella realtà, e non essendo pure invenzioni dell'intelletto umano, essi sono la chiave di lettura della realtà stessa, di cui fanno effettivamente parte. Vedremo nei numeri primi (Cap. IV) una conferma alla filosofia platonica dei numeri ideali. Il fondamento teorico di questa dottrina sta nella convinzione platonica di genesi eleatica, della perfetta corrispondenza, cioè, fra il conoscere e l'essere, per cui a un certo livello di conoscenza deve necessariamente riscontrarsi un corrispondente livello dell'essere. Di conseguenza, alla conoscenza matematica, che è di livello superiore alla conoscenza sensibile, deve corrispondere un tipo di realtà che ha le corrispettive connotazioni ontologiche. Questa dottrina, allusa nei *"Dialoghi"* scritti a partire dal 395 a.C. (?), costituisce una componente rilevante dell'importanza pedagogica che Platone attribuiva alla matematica. Nella sua complessa prospettiva teoretica non fa dipendere la metafisica dalla matematica o dai suoi metodi d'indagine, ma è la matematica a dipendere dai principi metafisici in modo strutturale. Anche nella priorità dei numeri rispetto ai concetti fondamentali della geometria e nel tentativo di fondare l'aritmetica come scienza a se stante, sta la stupefacente modernità di Platone. La sua concezione, infatti, che ai suoi tempi fu quasi il solo a sostenere, ricorda l'autonomia che ad essa è stata riconosciuta alla fine del XIX secolo. Dedekind rifiutò tutti i tentativi che nella fondazione dell'aritmetica si rifecero a rappresentazioni geometriche. Questa tendenza s'impose definitivamente nel secolo successivo.

Giuseppe Peano

Giuseppe Peano (Spinetta (Cuneo) 1858 – Torino 1932) (v. App. iii/7), nel 1889, successivamente pubblicati ufficialmente nel libro *Aritmetica Generale e Algebra Generale* (Paravia, Torino 1902), fonda l'aritmetica su tre concetti primitivi (uno, numero, successore) e cinque postulati:

1) Uno è un numero.

2) Ciascun numero ha un successivo.

3) Uno non è successivo di alcun numero.

4) Due numeri diversi non hanno lo stesso successore.

5) (Assioma d'induzione): Le proprietà che competono all'uno, se competono a un numero e anche al suo successivo, allora competono a tutti i numeri.

Volendo scrivere i postulati di Peano con l'uso della simbologia della teoria degli insiemi, all'epoca già ampiamente sviluppata, indicato con N l'insieme dei numeri naturali, con Ø l'insieme vuoto, e con n* il successore di n. Supposto $N \neq \emptyset$ si ha:

1) $\exists 1 \in N$

2) $\forall n \in N: \exists\, n^* \in N$

3) $\nexists\, n \in N: n^* = 1$

4) $m^* = n^* \Longleftrightarrow m = n;\forall\ m, n \in N$

5) Se $A \subseteq N: 1 \in A$ e $n \in A: n^* \in A \Rightarrow A \equiv N$

C'è da notare come Peano nei suoi postulati non nomini mai il numero zero. Egli lo introduce per convenzione nella base, dando per scontato che $0^* = 1$. Egli dà anche per scontato che $n^* = n + 1$. Alcuni matematici a lui contemporanei videro in ciò un'imperfezione e si azzardarono a provocarlo assumendo $0^* = 2$ e $n^* = n + 2$. Con ciò, anziché N, si dava origine a un suo sottoinsieme, quello dei numeri pari. Ma se ciò fosse le dieci cifre della numerazione decimale sarebbero da 0 a 18 e quindi, dal 10 al 18, userebbero impropriamente la cifra 1; a meno che non s'intendesse costruire una numerazione a base cinque con le cifre 0, 2, 4, 6, 8, il che non era auspicabile. Ben presto le critiche al suo sistema di assiomi si spensero nel nulla e le varie ipotesi alternative furono considerate fantasiose congetture.

Negli assiomi di Peano non c'è alcun tentativo filosofico di fondare i numeri. Il suo scopo è puramente matematico, e mira esclusivamente alla costruzione di un sistema di assiomi privo di contraddizioni. All'interno di questo sistema gli assiomi sono indimostrabili e i concetti fondamentali indefinibili, ma grazie ad essi i teoremi possono essere dimostrati e i restanti termini definiti. Eppure il concetto dell'uno e il concetto di numero si ritrovano in Platone con lo stesso significato. Egli infatti, come Peano, procede a partire dall'Uno-principio-primo; al numero uno, poi, per mezzo della Diade indefinita fanno seguito gli altri numeri, pur se la Diade non ha la funzione di un'iterata addizione. Infatti dal 2° postulato di

Peano hanno origine le altre cifre della numerazione decimale: $1* =$ 2; $2* = 3$; ... $8* = 9$, le quali, oltre allo 0, ne costituiscono la base: $\{0;1;2;3;4;5;6;7;8;9\}$.

Dal quinto postulato, invece, deriva il cosiddetto *principio d'induzione matematica*, che può essere così formulato: consideriamo una proposizione *p* tale che:

Se 1) $p(1)$ è vera,

2) supposta $p(n)$ vera si dimostri che $p(n*)$ è vera.

Allora 3) $p(n)$ è vera $\forall \in N$

Oltre a enunciare i cinque postulati, Peano definì in N le legge di composizione interna di *addizione* in questo modo:

1) $n + 0 = n \; \forall n \in N$

2) $m + n* = (m + n)*$

La *somma* è il risultato di questa operazione.

Creò così la struttura algebrica (N, +) nella quale lo zero è l'elemento neutro e l'addizione gode delle proprietà:

1) Chiusura: $\forall m,n \in N: s = m + n \in N$

2) Associativa: $m + (n + p) = (m + n) + p$

3) Commutativa: $m + n = n + m$

Dimostriamole usando il *principio d'induzione*.

Nella chiusura si ha $p(1)$: $m + 1 = m* \in N$ vera.

Supposta vera $p(n)$: $m + n = s \in N$,

risulta $p(n*)$: $m + n* = (m + n)* = s* \in N \rightarrow$ C.V.D.

Nella associativa si ha $p(1)$: $m + (n + 1) = m + n* = (m + n)* =$ $(m + n) + 1$ (vera).

Supposta vera p(p): m + (n + p) = (m + n) + p

dimostriamo p(p*) = m + (n + p*) = [m + (n + p)*] = [m + (n + p)]* = [(m + n) + p]* = (m + n) + p* → C.V.D.

Per la commutativa c'è da far notare che dalla definizione di addizione discende m + 0 = 0 + m. Da qui m + 1 = 1 + m. Infatti p(1): 1 + 1 = 1 + 0* = (1 + 0)* = 1* = 2.

Supposta vera p(m): m + 1 = 1 + m,

risulta p(m*): m* + 1 = (m + 1)* = (1 + m)* = 1 + m*.

Dimostrata la proprietà commutativa per n = 1 è facile dimostrarla in generale.

Infatti, supposta vera p(n): m + n = n + m, si ha:

p(n*): m + n* = m + (n + 1) = (m + n) + 1 = (n + m) +1 = n + (m + 1) = n + (1 + m) = (n + 1) + m = n* + m → C.V.D.

In N è valida la legge di cancellazione:

$$\text{Se } m + x = n + x \Rightarrow m = n$$

Dimostriamo la proprietà ricorrendo, ancora una volta, al *principio d'induzione matematica*.

Per x = 1 si ha m + 1 = n + 1 da cui m* = n* e quindi, per il 4° postulato, m = n.

Supposta vera p(x): m + x = n + x⇒m = n.

Dimostriamo p(x*): m + x* = n + x*⇒m = n.

Infatti: m + x* = n + x* → (m + x)* = (n + x)* e quindi (ancora per il 4° postulato) risulta:

m + x = n + x da cui (essendo vera p(x)) si ha m = n → C.V.D.

Oltre all'addizione, Peano definì in N l'operazione di moltiplicazione in questo modo:

1) m•1 = m $\forall$ m $\in$ N

2) m•n* = m•n + m

Il *prodotto* è il risultato di questa operazione.

Nella struttura algebrica (N,•) sono valide le seguenti proprietà:

1) Chiusura: m•n = p $\in$ N

2) Associativa: (m•n)•p = m•(n•p)

3) Commutativa: m•n = n•m

4) Cancellazione: m•x = n•x $\Rightarrow$ m = n

Nella struttura algebrica (N,+,•) è valida inoltre la proprietà distributiva sia destra che sinistra:

m•(n + t) = m•n + m•t

(m + n)·t = m·t + n·t

Inoltre è interessante notare che:

(m + n*)* = m* + n*

m* + n* = (m + n)* + 1

(m•n*)* = m•n + m*

m*•n* = (m•n)* + m + n

(m*•n*)* = m* + m•n + n*

Tutte le proprietà di cui sopra sono dimostrabili con pochi passaggi logici.

Non è questo il luogo dove approfondire la teoria dei numeri naturali. Ciò che ci preme rilevare è che, con l'ausilio del *principio d'induzione* e dei cinque postulati (oltre chiaramente alle definizioni delle operazioni di addizione e di moltiplicazione), si possono dimostrare, rigorosamente, proprietà date per scontate, considerate ovvie, o accettate empiricamente. Per esempio $2 + 2 = 4$. Infatti $2 + 2 = 2 +1* = (2 + 1)* = 3* = 4$

Acquisiti i risultati delle somme che non superano il nove, l'addizione tra due numeri naturali qualsiasi è riconducibile all'addizione tra polinomi numerici.

$32 + 24 = (3 \cdot 10^1 + 2 \cdot 10^0) + (2 \cdot 10^1 + 4 \cdot 10^0) = (3 + 2) \cdot 10^1 + (2 + 4) \cdot 10^0 = 5 \cdot 10^1 + 6 \cdot 10^0 = 56$

Il calcolo può essere semplificato con il cosiddetto metodo in colonna.

In N ci sono i numeri pari P e i numeri dispari D. Essi sono sottoinsiemi di N: $P \cup D = N$,

$P \cap D = \varnothing$, come dire che essi costituiscono una partizione di N (fig. 1).

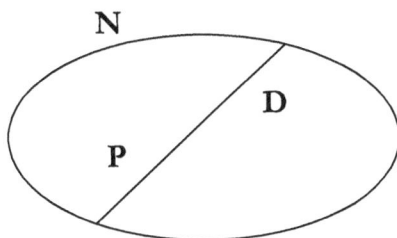

fig. 1

Un numero pari può essere scritto $p = 2n$, un dispari $d = 2n + 1$.

Si dimostra che: $p_1 + p_2 = p_3$; $d_1 + d_2 = p_3$; $p_1 + d_1 = d_2$; $p_1 \cdot p_2 = 4p_3$ (doppiamente pari); $d_1 \cdot d_2 = d_3$.

Dimostriamo la prima: $2n_1 + 2n_2 = 2(n_1 + n_2) = 2s \in P$.

Insomma, i postulati di Peano consentono di sistematizzare in modo rigoroso tutte le operazioni e le proprietà di cui esse godono. Da N si ottengono gli altri insiemi numerici. Dal prodotto cartesiano $N^2 = NXN$ (v. App. iii/8), definendo in esso una relazione di equivalenza (v. App. iii/9) si creano i numeri *interi relativi* Z (v. App. iii/10); da essi, con una relazione di equivalenza in $Z^2 = ZXZ$ si ottengono i numeri *razionali* Q (v. App. iii/11); e da questi, con le sezioni di Dedekind (v. Cap. v) gli *irrazionali* I, i quali uniti ai razionali Q danno i numeri reali R.

Possiamo perciò affermare che dai postulati di Peano hanno origine tutti i numeri (fig. 2).

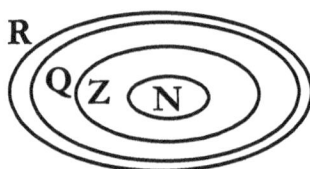

fig. 2

***

Se consideriamo un insieme finito A e un suo sottoinsieme proprio B ($B \subset A$) si ha card(B) < card(A). Per i numeri naturali N si ha card(N)=$\aleph$0, dove con aleph zero (o alef zero) si indica la cardinalità di un insieme con infiniti elementi. Un qualunque insieme è numerabile se i suoi elementi si possono mettere in corrispondenza biunivoca con gli elementi di N. Se per esempio consideriamo in N il sottoinsieme S costituito dai quadrati degli elementi di N ($f \in S$ $\iff f = n^2, \forall n \in N$), anche card(S) = $\aleph$0. S è numerabile perché i suoi elementi sono in corrispondenza biunivoca con gli elementi di N mediante la relazione : $S \to N$, $f = n^2, \forall f \in S$.

Georg Cantor (Georg Ferdinand Ludwig Philipp Cantor; San Pietroburgo 1845 – Halle 1918) ha dimostrato che l'insieme dei numeri interi relativi Z è numerabile usando le relazioni:

$$\forall n \in P \subset N \rightarrow a = +n/2 \in Z$$

$$\forall n \in D \subset N \rightarrow a = -(n + 1)/2 \in Z$$

In questo modo ai numeri positivi corrispondono i numeri pari e ai numeri negativi i numeri dispari. I numeri interi relativi possono essere quindi elencati nel seguente modo:

0, -1, +1, -2, +2, -3, +3, ...

Si potrebbe anche dire che un insieme infinito è numerabile quando si possono elencare i suoi elementi in modo tale che vi sia un primo elemento, un secondo, un terzo, e così via.

Per dimostrare la numerabilità di Q, Cantor ha usato lo schema di fig. 3

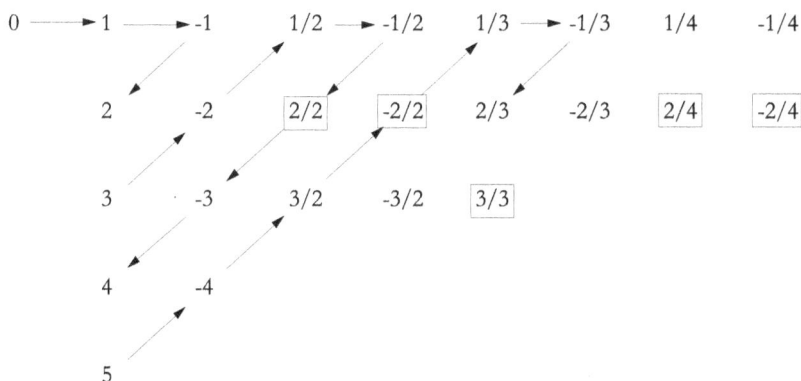

fig. 3

Appendici al Capitolo iii

Appendice iii/1

Leonardo Pisano detto Fibonacci

Leonardo Pisano (Fibonacci) era figlio di un commerciante di spezie, Guglielmo dei Bonacci. Sul finire del XII secolo il centro della sua attività era in Africa settentrionale. Fu così che il figlio Leonardo, detto di Bonacci, da qui Fibonacci, seguendo il padre nei suoi commerci, imparò l'arabo e si appassionò allo studio della matematica. Consultò testi islamici e greci e viaggiò in Egitto, Siria, Asia Minore e Grecia. Egli fu uno dei primi grandi matematici europei. Da lui ebbe inizio il risveglio dello studio della matematica in Europa. Il suo nome è indissolubilmente legato alla sequenza (successione) divenuta celeberrima, risalente al 1202, nella quale ognuno dei numeri è la somma dei due numeri precedenti (0,1,1,2,3,5,8,13,21,…), che sembra sia presente in molteplici fenomeni che avvengono in natura. I suoi libri di matematica più importanti sono *Liber abaci* e *Practica geometriae* (con l'applicazione dell'algebra alla soluzione di problemi geometrici). Ha svolto interessanti studi sulla sezione aurea (v. Cap. viii).

Appendice iii/2

Lo zero, come simbolo necessario per la scrittura dei numeri, risale agli antichi babilonesi. Poi fu abbandonato, e solo nel 660 (?) venne ripreso dagli indiani per realizzare un sistema di numerazione con nove *cifre* più il segno dello *zefiro*. Questa numerazione si attribuisce al grande matematico indiano Brahmagupta (598 – 668 (?)) autore del libro *Brahmasphuta Siddhànta*, nel quale propose il primo esempio di aritmetica sistematica comprendente i numeri negativi e lo *zero*. In questo testo comunque lo *zero* è ancora considerato come un simbolo mediante il quale è possibile scrivere in modo semplice qualsiasi cifra. Solo più tardi la matematica indiana equiparò lo *zero* alle altre nove cifre e lo considerò un *vero numero*. Le tante discussioni su questa differenza concettuale non sono da considerarsi meramente accademiche. Basti pensare che la decina (il dieci) perdeva la sua unicità di numero essendo composto dalle due cifre 1 e 0, e, contando sulla punta delle dita delle mani, partendo dallo zero, si arriva fino a nove. Non fu affatto facile far entrare nella mentalità comune queste sostanziali novità, anche perché, come ricordato, la numerazione decimale fu la preferita proprio perché in corrispondenza biunivoca con le dieci dita delle mani.

Appendice iii/3

Musa al-Khwarizmi (Carasmia o Baghdad; 780 – 850 (?)) fu mate-matico, astronomo e geografo persiano. Responsabile della famosa biblioteca Bayr al-Hikma (Casa della Sapienza) di Baghdad, sotto la sua direzione furono tradotte in arabo opere di matematica dell'an-tica Grecia, persiane e indiane. È l'autore di un libro sulla risoluzio-ne delle equazioni di primo e di secondo grado, ed è considerato, pertanto, il padre dell'algebra. La parola "algebra" deriva da *al-jabr*: una delle due operazioni usate per risolvere le equazioni di secondo grado come descritto nel suo libro. La parola algoritmo deriva da Algoritmi, cioè dalla latinizzazione del suo nome.

Appendice iii/4

Abu Kamil (850 – 930 (?)) fu matematico egiziano durante l'epoca d'oro della cultura islamica. Si occupò prevalentemente di algebra. Nel suo *Libro delle cose rare nell'arte del calcolo* trattò sistemi di equazioni a coefficienti interi e frazionari. Fu il primo ad accettare i numeri irrazionali, sotto la forma di radici quadrate e radici cubiche, come soluzioni per le equazioni di secondo grado o di particolari equazio-ni di terzo grado.

Appendice iii/5

Gerberto de Aurillac fin dalla prima adolescenza affrontò gli stu-di matematici in Spagna, nel monastero di Ripoll (vicino Barcellona), istruendosi sui testi islamici. Lo spiccato senso per le scienze, in particolare per l'astronomia, lo portarono a costruire ingegnosi strumenti per l'osservazione diretta delle stelle. Venne eletto Papa, come successore di Gregorio V, nel marzo del 999, a soli 49 anni, prendendo il nome di Silvestro II. Il suo pontificato durò quattro anni. Morì nel 1003. A lui, alcuni storici, fanno risalire l'introduzione delle conoscenze arabe di aritmetica e astronomia in Europa. Si narra che fosse in grado di eseguire mentalmente calcoli estremamente difficili usando una numerazione diversa da quella romana. Quasi sicuramente adoperava la numerazione a base decimale indiana-araba. Probabilmente fu uno degli uomini più colti del suo tempo. Per questo, forse, fece sorgere seri dubbi sul suo pontificato. Si pensava infatti che fosse in relazione con le arti magiche, se non addirittura con il demonio. La leggenda narra di un libro di incantesimi sottratto a un filosofo arabo e di un patto stipulato con una donna demone di nome Meridiana, e che fu grazie al loro aiuto che avrebbe raggiunto il trono papale.

Appendice iii/6

Karl Weirstrass, matematico tedesco, è considerato uno dei padri dell'analisi matematica moderna.

Appendice iii/7

Giuseppe Peano, nato a Spinetta (CN) nel 1858, dopo gli studi liceali, studiò matematica presso l'Università di Torino, e qui insegnò calcolo infinetisimale a partire dal 1890. Carattere eccentrico venne più volte allontanato dall'insegnamento nonostante la sua fama internazionale. Nel 1932 Bertrand Russel ebbe a dire: "*Provai una grande ammirazione per lui quando lo incontrai per la prima volta al Congresso di Filosofia del 1900, che fui dominato dall'esattezza della sua mente*".

Si occupò anche di frattali. Famosa è la spezzata detta *curva di Peano* (v. fig.). A lui è dedicata una costellazione tra le stelle del cielo.

Ricordi del grande matematico e della vita familiare sono raccontati con piacevolezza e ammirazione nel romanzo biografico *Giovinezza inventata* della pronipote Lalla Romano, famosa scrittrice e poetessa.

Morì di notte, nel 1932, per un attacco di cuore, nella sua casa di campagna a Cavoretto, presso Torino.

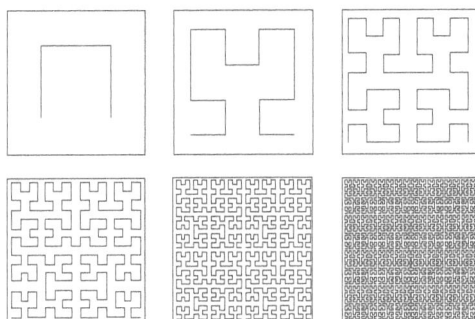

Appendice iii/8

Si definisce prodotto cartesiano tra due insiemi A e B, e si indica con AXB, l'insieme di tutte le coppie (a, b) tali che il primo elemento a appartenga ad A e il secondo b appartenga a B. Cioè:

$$AXB = \{ (a,b): \forall a \in A, \forall b \in B \}$$

Il numero delle coppie è dato dal prodotto risultato della moltiplicazione card(A) x card(B), ove per cardinalità di un insieme s'intende il numero degli elementi in esso contenuti. In figura è rappresentato il prodotto cartesiano AXB, con A = {1,2,3,4,5,6} card(A) = 6 e B = {a,b,c,d,e,f} card(B) = 6.

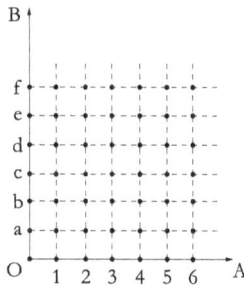

Appendice iii/9

Si definisce relazione binaria R su un insieme A un sottoinsieme del prodotto cartesiano AxA, $R \subset A$. Due elementi a e b di A sono in relazione se: $(a,b) \in R$, e si scrive aRb.

Una relazione R è di equivalenza (generalmente indicata con il simbolo ~ (che si legge "equivalente a")) se soddisfa alle proprietà: riflessiva, simmetrica e transitiva. Cioè:

1) Riflessiva: $a \sim a, \forall a \in A$

2) Simmetrica: $a \sim b \Rightarrow b \sim a, \forall a,b \in A$

3) Transitiva: $a \sim b$ e $b \sim c \Rightarrow a \sim c, \forall a,b,c \in A$

Tutte le coppie di AxA che soddisfano alla ~ costituiscono un insieme quoziente di A e si indica con $R = A/\sim$.

L'insieme dei numeri interi relativi Z è definito a partire dall'insieme N dei numeri naturali tramite il concetto di insieme quoziente. Si consideri il prodotto cartesiano NxN e in esso la relazione R:

$(m,n)R(m1,n1) \iff m + n1 = m1 + n$

La R risulta essere di equivalenza. Infatti:

1) Riflessiva: $(m,n) \sim (m,n)$ perché $m + n = m + n$

2) Simmetrica: se $(m,n) \sim (m1,n1)$ allora $m + n1 = m1 + n$ da cui (per la commutatività dell'uguaglianza) $m1 + n = m + n1$ e quindi $(m1,n1) \sim (m,n)$

3) Transitiva: se $(m,n) \sim (m1,n1)$ e $(m1,n1) \sim (m2,n2)$ allora:

$m + n1 = m1 + n$ e $m1 + n2 = m2 + n1$ da cui sommando si ha: $m + n1 + m1 + n2 = m1 + n + m2 + n1$ e, per la legge di cancellazione, risulta: $m + n2 = m2 + n$ e quindi $(m,n) \sim (m2,n2)$.

Quindi $Z = NxN/R(\sim)$.

È facile dimostrare che in ogni classe di equivalenza $[(m,n)]$ c'è uno e un solo elemento del tipo $(m1,n1)$ con $m1 = 0$ o $n1 = 0$ pertanto per i numeri interi relativi si può usare la nota rappresentazione: $+m = [(m,0)]$ e $-m = [(0,m)]$ e $0 = [(0,0)]$.

In Z si definiscono le operazioni di addizione e moltiplicazione nel seguente modo:

Addizione: $(m1,n1) + (m2,n2) = (m1 + n2, n1 + m2)$.

Moltiplicazione: $(m1,n1) \times (m2,n2) = (m1m2 + n1n2, m1n2 + n1m2)$

Le operazioni così definite sono compatibili con la relazione di equivalenza. Esse si traducono nelle usuali notazioni tra numeri interi. Dalla definizione di moltiplicazione si possono ricavare le note regole dei segni: $(+a) \bullet (-b) = (-a) \bullet (+b) = -ab$; $(+a) \bullet (+b) = +ab$; $(-a) \bullet (-b) = +ab$.

Appendice iii/11

Sia ZxZ il prodotto cartesiano dei numeri interi relativi. In esso si consideri la relazione R:

$(a,b)R(c,d) \Longleftrightarrow ad = bc$. È facile dimostrare che R è di equivalenza $(\sim)$. Quindi i numeri razionali sono definiti da: $Q = ZxZ/R(\sim)$. In Q si definiscono le operazioni di addizione e moltiplicazione come segue:

Addizione: $(a,b) + (c,d) = (ad + bc, bd)$

Moltiplicazione: $(a,b) \times (c,d) = (ac, bd)$

Che corrispondono alle consuete operazioni tra frazioni. Con la definizione di equivalenza di cui sopra risulta $0 = (0,1)$; $1 = (1,1)$; $- p = - a/b = (-a,b)$; se $p = a/b = (a,b) \rightarrow p^- = 1/p = b/a = (b,a)$.

La classe di equivalenza permette la rappresentazione come frazione dello stesso numero razionale: $a/b = ka/kb$: $k \neq 0$. Infine, in Q si può definire un ordinamento nel modo seguente:

$(a,b) \leq (c,d) \Longleftrightarrow (bd>0$ e $ad \leq bc)$ oppure $(bd<0$ e $ad \geq bc)$.

iv. I numeri primi

Si definiscono numeri primi i numeri naturali indivisibili, cioè quelli che non possono essere scritti come prodotto di due numeri più piccoli, o, come dire, che non ammettono divisori all'infuori dell'uno e di se stessi. 13 e 19 sono due numeri primi. Non c'è, infatti, nessuna moltiplicazione, tranne 1x13 e 1x19, che abbia come prodotto 13 e 19; 15, invece, non è primo, esso può essere scritto 3x5. Lo zero non è primo in quanto divisibile per ogni numero, l'uno non è primo poiché ha un solo divisore. Il 2 è l'unico numero pari primo, tutti gli altri sono dispari e non terminano mai con 5.

I numeri primi rappresentano il DNA di tutti i numeri. Essi hanno il potere di costruire tutti gli altri numeri. Ogni numero naturale che non sia primo può essere ottenuto moltiplicando questi elementi primari. E c'è la congettura di Goldbach (Christian Goldbach; Königsberg 1690 – Mosca 1764) la quale afferma che ogni numero pari è esprimibile come somma di due numeri primi. Ma questa non essendo stata ancora dimostrata in generale, nonostante illustri matematici la ritengano vera, è pur sempre un'ipotesi e non una certezza. Nell'indefinito prolungamento della retta dei numeri, i numeri primi rappresentano il mistero che i matematici esplorano da secoli. Già nei libri *aritmetici* degli *Elementi* di Euclide (300 a.C.) si ritrovano importanti proprietà dei numeri primi. Nella proposizione 20 del Libro IX, Euclide dimostra che vi è una molteplicità infinita di numeri primi. A partire da una quantità finita di numeri primi consecutivi: P = {p1, p2, … pn} si può ottenere:

$$q = \Pi p_i + 1 \ (i = 1,2,3,\dots,n)$$

anch'esso primo o esprimibile come prodotto di numeri primi non previsti in P.

Vogliamo dar conto della dimostrazione fornita da Euclide per evidenziare come già a quei tempi le dimostrazioni matematiche avessero raggiunto un livello rigoroso. Prima di dimostrare l'asserto di cui sopra, Euclide si premurò di dimostrare che ogni numero è esprimibile come prodotto di due o più numeri primi. Supponiamo per ipotesi che ciò non sia vero, e che esistono dei numeri anomali che non sono primi e non possono essere espressi come prodotto di numeri primi. Prendiamo, per esempio, come caso particolare, il numero 60, e consideriamolo il più piccolo numero nell'ipotetico insieme dei numeri anomali. È evidente che non essendo primo può essere scritto come prodotto di due numeri più piccoli. Tra le varie possibilità c'è anche 4x15. Allora 4 e 15 non sono anomali e possono essere scritti come prodotto di numeri primi. Infatti 4 = 2x2 e 15 = 3x5; unendo questi prodotti si ottiene proprio 60, quindi esso non rappresenta un'anomalia. Avremmo potuto scegliere anche un'altra possibilità, per esempio 60 = 3x20, 3 è primo, 20 = 2x2x5, unendo i prodotti si ottiene 60 = 2x2x3x5. Qualunque scelta si faccia, tra quelle possibili, 60 è sempre il prodotto degli stessi numeri primi. Supponiamo che sia 100 il più piccolo numero anomalo del nostro presunto insieme di numeri anomali. 100 = 4x25 = 2x2x5x5. Oppure 100 = 2x50 = 2x5x10 = 2x5x2x5 = 2x2x5x5. Quindi anch'esso non è anomalo. Il ragionamento si può generalizzare. Sia n il più piccolo numero dell'insieme dei numeri anomali che non sono né primi né si possono scrivere come prodotto di numeri primi. Se n non è primo allora si può scrivere come prodotto di due altri numeri più piccoli, siano essi n_1 e n_2. Essendo più piccoli essi si possono scrivere come prodotto di numeri primi, ma, allora, unendo i loro prodotti si ottiene proprio n, il quale, pertanto non è un numero anomalo. Quindi l'ipotesi che possano esistere numeri anomali è falsa. Resta dunque dimostrato che $\forall$ n $\in$ N è esprimibile come prodotto di due o più numeri primi. Come si può vedere, Euclide usa nella dimostrazione il principio logico della non contraddittorietà, il quale afferma che una affermazione o è vera o è falsa. Se si suppone l'affermazione falsa e si arriva a una contraddizione allora l'affermazione non può che essere vera.

Dimostrato ciò, sia 2,3,5,7 un elenco di numeri primi consecutivi. Si ha: 2x3x5x7 + 1 = 211. Aggiungendo 1, Euclide era certo che il nuovo numero non è divisibile per nessuno dei numeri in elenco. Perciò devono esserci, per quanto prima dimostrato, altri numeri primi che diano 211 come prodotto. In questo caso 211 è primo, però, se consideriamo la sequenza di numeri primi consecutivi 2, 3, 5, 7, 11, 13 si ha 2x3x5x7x11x13 + 1 = 3031 il quale non è primo e risulta 3031 = 59x509, cioè esso è esprimibile come prodotto di due numeri primi non compresi nell'elenco. Insomma, a Euclide non interessava che il numero ottenuto fosse primo, ma che, se non era primo, c'erano degli altri numeri primi non compresi nella sequenza che ammettevano come risultato del loro prodotto proprio il numero ottenuto. Da qui ne conseguiva, chiaramente, che i numeri primi sono un'infinità. Certo, noi non conosciamo l'elenco completo dei numeri primi, e ci è impossibile stabilire conoscendo un numero primo quale sia il consecutivo. E neanche Euclide lo sapeva. Per questo scelse un metodo dimostrativo che funzionasse indipendentemente da quanto fosse lungo l'elenco dei numeri primi consecutivi. Se si pensa che una simile dimostrazione è stata fatta più di duemila anni fa c'è da non crederci.

Nella proposizione 36 dello stesso libro IX, Euclide mostra che i numeri ottenuti dalla formula:

$$N = 2^t (2^{(t+1)} - 1)$$

come, per esempio, 6; 28; 496; … sono *perfetti*, ossia sono la somma dei loro propri divisori, solo se l'espressione tra parentesi esprime un numero primo. Per la precisione Eulero (Leonhard Euler; Basilea 1707 – San Pietroburgo 1783) considerato, assieme a Gauss, il più grande matematico di tutti i tempi (v. App. iv/1), ha dimostrato che i numeri pari perfetti hanno necessariamente la suddetta struttura (v. App. iv/2), mentre, ad oggi, è ignoto se vi siano numeri dispari perfetti, o se i numeri perfetti pari continuano all'infinito.

Tanti altri problemi associati a queste due proposizioni di Euclide sono ancora irrisolti. Ad esempio, il problema se vi sia una molteplicità infinita di numeri primi gemelli (separati da un pari, ossia: p_1, $p_2 = p_1 + 2$). Se si considerano i numeri da uno a cento, per i numeri primi si ha la seguente sequenza:

2; 3; 5; 7; 11; 13; 17; 19; 23; 29;31; 37; 41; 43; 47; 53; 59; 61; 67; 71; 73; 79; 83; 89; 97.

In essa compaiono sette coppie di numeri primi gemelli. Ma cosa accade per i grandi numeri? È possibile stabilire quante coppie di numeri primi gemelli ci sono tra un miliardo e un miliardo e centomila? Si ritiene che le coppie dei primi gemelli siano infinite, ma, almeno fino ad oggi, non è stato dimostrato, quindi l'ipotesi dell'esistenza di infinite coppie di primi gemelli è, al momento, solo una congettura.

Quanti numeri primi esistono in un intervallo definito di numeri? Quante sono in quell'intervallo le coppie di primi gemelli? Conosciuto un numero primo quale sarà il numero primo consecutivo? Come si comportano le coppie dei primi gemelli? Ci sono formule atte a calcolare i numeri primi?

In una disciplina come la matematica in cui regnano le regole e l'ordine, i numeri primi rappresentano il caos, l'essenza stessa dell'imprevedibilità, la sfida estrema per i matematici di tutti i tempi. È come se la *Natura* avesse voluto sfidare l'intelletto umano rappresentando i numeri primi senza dar loro regola alcuna da rispettare. Sono oggetti misteriosi che compaiono all'improvviso e poi spariscono per ricomparire più avanti nell'infinità della retta numerica, non si sa dove, non si sa quando. Per questo essi hanno attirato l'attenzione di tutti i matematici da Pitagora fino ai nostri giorni. La conquista dei numeri primi non si è mai conclusa.

Si potrebbe pensare che dopo un inizio caotico essi si regolarizzino e seguano un andamento più lineare, ma non è così. Anzi, più si continua a contare e più il mistero s'infittisce. Consideriamo, per esempio, i numeri primi nell'intervallo dei cento numeri che precedono 10.000.000 e poi nell'intervallo dei cento numeri che seguono. Nel primo intervallo sono stati individuati i numeri primi 9.999.901, …907, …929, …931, …937, …943, …971, …973, …991; nel secondo solo due numeri primi: 10.000.019, 10.000.079. È difficile pensare a una formula capace di generare una sequenza siffatta. E se nei primi cento numeri naturali si trovano ben sette coppie di numeri primi gemelli, nel primo intervallo di cui sopra, sempre di cento numeri, di coppie simili ce ne sono solo due, e nel secondo nessuna. Anche in questo caso è imprevedibile la loro comparsa, ed è impossibile, almeno fino ad oggi, stabilire una regola per poterle individuare con certezza.

Tuttavia, a dispetto della loro casualità i numeri primi contengono un carattere immutabile e universale e non abbisognano di altri numeri per essere. Sono unici, puri, in se stessi perfetti. Sembra quasi che in essi si rispecchi la concezione platonica del mondo: *"C'è una realtà assoluta ed eterna al di fuori dell'esistenza umana"*. G. H. Hardy(Godfrey Harold Hardy; Cranleigh 1877 – Cambridge 1947) nel suo libro *Apologia di un matematico* (v. App. iv/3) scrive: *"317 è un numero primo non perché noi pensiamo che sia così, o perché la nostra mente è conformata in un modo piuttosto che in un altro, ma perché è così, perché la realtà matematica è così"*.

***

Il primo a compilare una tavola dei numeri primi fu Eratostene (di Alessandria; 275 – 195 a.C. (?)) (v. App. iv/4). Egli scoprì un metodo, denominato *Crivello di Eratostene*, alquanto semplice per determinare quali numeri fossero primi, supponiamo, tra 1 e 100. Scrisse per esteso l'intera sequenza, priva dello zero non previsto nella numerazione greca, e dell'uno non considerato primo; partiva dal 2 (unico primo pari) e depennò dall'elenco un numero ogni due. Eliminò così tutti i numeri pari perché divisibili per 2. Passò al 3, il primo numero primo non eliminato, e cancellò un numero ogni tre, cioè tutti i multipli di 3. Poi il 5, il 7 e così via. Ogni nuovo numero primo era usato per eliminare una parte dei numeri rimasti. Le maglie del crivello (setaccio) si allargano ad ogni nuova fase, fino a quando arrivato a 97; 98, 99 e 100 erano già stati depennati. Con questo procedimento restarono solo i numeri primi (fig. 1). Bastò un po' di pazienza per compilare la tavola dei numeri primi fino a 10.000.

```
      2   3   4   5   6   7   8   9  10
 11  12  13  14  15  16  17  18  19  20
 21  22  23  24  25  26  27  28  29  30
 31  32  33  34  35  36  37  38  39  40
 41  42  43  44  45  46  47  48  49  50
 51  52  53  54  55  56  57  58  59  60
 61  62  63  64  65  66  67  68  69  70
 71  72  73  74  75  76  77  78  79  80
 81  82  83  84  85  86  87  88  89  90
 91  92  93  94  95  96  97  98  99 100
```

fig. 1

Fermat (Pierre de Fermat: Beaumont de Lomagne 1601– Castres 1665) fu matematico e magistrato. Come tanti altri matematici del tempo si dilettava a leggere i testi classici greci di geometria e di aritmetica, e a inventare astruse formule per generare i numeri primi. Oltre al famoso *teorema di Fermat* (v. App. iv/5), egli escogitò la formula: $(2)^{2_n} + 1$, la quale, a suo dire, dava per risultato un numero primo. Effettivamente per n uguale a 0,1, 2, 3, 4 dà numeri primi, ma, come scoperto da Eulero, se si immette 5 nella formula si ha $2^{32} + 1$ che dà come risultato un numero di dieci cifre, esattamente: 4.294.967.297 esprimibile come prodotto di due numeri primi più piccoli. Eulero riuscì a fattorizzare un così grande numero usando nuove idee teoriche sulla fattorizzazione dei numeri. I cinque numeri primi ottenuti dalla formula, cioè 1, 5, 17, 129, 65537 vengono chiamati *numeri primi di Fermat*. Nel 1796 Gauss (Carl Friedrich

Gauss; Braunschweig 1777 – Gottinga 1855) dimostrò che ogni poligono regolare costruibile con riga e compasso ha un numero di lati uguali a uno o al prodotto di più numeri primi di Fermat.

Inoltre, Fermat osservò il fatto curioso che alcuni numeri primi, come 5, 13, 17, 29, ... divisi per 4 danno per resto 1, e che essi possono essere scritti come somma di due quadrati: $5 = 1 + 4$, $13 = 4 + 9$, $17 = 1 + 16$, $29 = 4 + 25$, ... e che in queste somme si ripete spesso 1; da qui formulò la congettura che dalla formula $2^n + 1$ si potessero ricavare numeri primi. Come altre sue congetture neppure questa era accompagnata da una dimostrazione, sebbene egli dichiarasse di averla dimostrata.

Questa formula fu ripresa da Marin Mersenne (Oizé 1588 – Parigi 1648) (v. App. iv/6), il quale la modificò in: $2^n - 1$. La formula di Mersenne è praticamente uguale a quella di Euclide per la ricerca dei *numeri perfetti*. Esattamente è l'espressione tra parentesi di $N = 2^t (2^{(t+1)} - 1)$ riportata nella proposizione 36 del libro IX degli *Elementi*, nella quale $t + 1$ è sostituito da n. Già Euclide, come prima detto, affermò che i *numeri perfetti* si ottenevano dalla sua formula solo se l'espressione tra parentesi era un numero primo. Resta il fatto che Mersenne diventò famoso grazie a questa formula, e si ritiene che proseguendo nell'elenco dei numeri da essa ottenuti si trovano infiniti valori di n per cui $2^n - 1$ risulta primo, pur se tale asserto non è mai stato dimostrato. Essa cade per $n = 11$ per cui si ha $2^{11} - 1 = 2047 = 23 \times 89$, e poi per $n = 23$ e per $n = 29$, resta però il fatto che, effettivamente, la formula genera numeri primi. Il più grande numero primo oggi conosciuto si ottiene per $n = 43.112.609$, e fu scoperto nel 2008, proprio grazie alla formula di Mersenne, da Edson Smith, responsabile dei software dei computer nel dipartimento di matematica dell'Università della California di Los Angeles. Esso è costituito da 13 milioni di cifre.

I matematici del '600 inventarono numerosi metodi per individuare i numeri primi senza però darne dimostrazioni. Per loro, più che una disciplina rigorosa, la matematica era considerata una sorta di diletto e non si preoccupavano più di tanto delle dimostrazioni. Solo nel XVIII secolo Eulero ridiede il giusto valore alle dimostrazioni. Egli trovò spiegazioni plausibili nelle regolarità delle formule di Fermat e di Mersenne, e, nel 1772, calcolò tutti i risultati dell'espressione $x^2 + x + 41$ per $0 \leq x \leq 39$ ottenendo un elenco di quaranta numeri primi. La sequenza s'interrompe per $x = 40$, e, ovviamente, per $x = 41$, infatti: $41^2 + 41 + 41 = 41^2 + 2 \cdot 41 = 41 \cdot (41 + 2) = 41 \cdot 43$. Da qui passò alla formula generale $x^2 + x + q$ con $0 \leq x \leq q - 2$. Ma trovare una formula che generasse tutti i numeri primi risultò impossibile anche per lui. Nel 1751 egli scrive: "*Ci sono alcuni misteri che la mente umana non penetrerà mai. Per convincercene non dobbiamo fare altro che gettare un'occhiata alla tavola dei numeri primi. Ci accorgeremo che non segue né ordine né legge*". Pure alla sua brillante mente matematica appariva paradossale che i numeri fondamentali, sui quali si fonda il mondo perfetto dell'aritmetica, si comportassero in modo così sregolato e imprevedibile. Ma fu proprio la *funzione zeta* di Eulero e le scoperte di Gauss ad offrire a Bernhard Riemann (Georg Friedrich Bernhard Riemann; Breselenz 1826 – Selasca 1866) la chiave di lettura che aprì nuove strade allo svelamento dei misteri dei numeri primi.

***

La prima tavola dei logaritmi fu concepita nel 1614. A quell'epoca magia e matematica si mescolavano vicendevolmente, e fu il barone scozzese Nepero (John Napier, noto come Giovanni Nepero; Merchiston Castle 1550 – Edimburgo 1617)(v. App. iv/7), considerato uno stregone dai suoi contemporanei, a scoprire la magia dei logaritmi (v. App. iv/8).

Fu proprio confrontando la tavola dei numeri primi e quella dei logaritmi naturali che Gauss scoprì la connessione tra loro esistente.

C. F. Gauss

Egli, anziché cercare di inventare nuove formule per generare numeri primi, si concentrò su un altro aspetto del problema, chiedendosi quanti fossero i primi presenti in un dato intervallo finito di numeri. Sappiamo che fra 1 e 100 ce ne sono 25, ma quanti ce ne sono tra 100 e 1.000? o fra 1.000 e 10.000? e così via?. Confrontando le tavole, Gauss osservò una certa regolarità nella presenza dei numeri primi, così come è evidenziata nella seguente tabella, nella quale sono riportati il numero dei numeri primi negli intervalli dei numeri potenze del 10 (tale numero fu indicato da Gauss con $\pi(N)$):

N	$\pi(N)$	.
10	4	2,5
100	25	4,0
1000	168	6
10.000	1.229	8,1
100.000	9.592	10,4
1.000.000	78.408	12,7
10.000.000	664.579	15

Nell'ultima colonna della tabella è riportata la frequenza dei numeri primi rispetto a tutti i numeri considerati. Si nota che nei primi 10 numeri 1 su 4 è primo, così è per primi 100. Per i numeri fino a 10 milioni tale frequenza è 15, cioè si può trovare un numero primo ogni 15 numeri non primi. Se consideriamo l'incremento del numero dei numeri primi, notiamo, per esempio, che tra 100 e 1000 esso è aumentato di 2, mentre aumenta di 2,3 fra 100.000 e 1.000.000, così com'è tra 1.000.000 e 10.000.000. Per intervalli più grandi tale incremento tende a stabilizzarsi proprio in un intorno di 2,3. Ciò vuol dire che ogni volta che moltiplichiamo Nx10 dobbiamo aggiungere un 2,3 alla frequenza dei numeri primi. Scartati i logaritmi decimali (a base 10) in cui l'incremento è 1 per ogni incremento della potenza del 10, Gauss ricorse ai logaritmi naturali a base $e = 2,718281…$ e stabilì che tra 1 e un generico N ogni ln(N) dovrebbe essercene uno primo, quindi nell'intero intervallo (1, N) essi dovrebbero essere $\pi(N) = N/\ln(N)$. Tale numero non rappresentava con certezza il numero dei numeri primi presenti nell'intervallo, però ne dava un'approssimazione molto convincente. Insomma, Gauss, all'età di appena quindici anni, aveva scoperto una legge per informarsi su quanti numeri primi, approssimativamente, ci fossero in un certo intervallo di numeri. In fig. 2 è riportato il grafico di questa legge, nel quale $\pi(N)$ è espresso in funzione di ln(N).

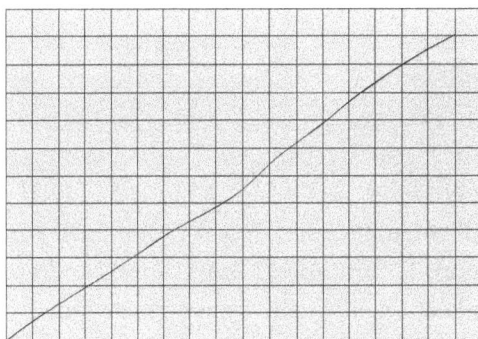

fig. 2

Gauss fu alquanto reticente a pubblicare la sua scoperta, forse perché non vi era certezza che la regolarità da lui riscontrata si ripetesse in intervalli più grandi. A differenza dei matematici del '600, pure lui, come Eulero, teneva in grande considerazione la generalizzazione dei risultati mediante dimostrazioni. Inoltre egli non ambiva agli onori e alla rinomanza pubblica. Amava la matematica e ogni scoperta la considerava una sua conquista privata. Non diede divulgazione neanche alla sua teoria sui *numeri triangolari* (v. App. iv/9), ritrovata tra le sue carte soltanto dopo la sua morte. Alcuni sostengono che Gauss non pubblicò nulla sul legame da lui scoperto tra i numeri primi e i logaritmi naturali, per non avere un'altra delusione dopo quella subita con il suo trattato sulla teoria dei numeri *Disquisitiones arithmeticae*, il quale fu rifiutato dall'Accademia delle Scienze di Parigi perché giudicato oscuro e inutilmente complicato. Prima di pubblicarla voleva assicurarsi che tutto fosse chiaro e ogni cosa al suo giusto posto. Inoltre c'è da considerare che il clima dell'epoca non era affatto favorevole. Alla fine del XIX secolo un'immensa autorità esercitavano le idee del filosofo tedesco I. Kant (Immanuel Kant; Königsberg, 1724 – 1804), e lo studio della matematica era prevalentemente finalizzato alle applicazioni nell'ingegneria bellica e nelle costruzioni industriali. La Rivoluzione francese del 1789 e l'avvento di Napoleone diedero ampio sviluppo alle *Ecole Polytechnique*. Fu proprio il matematico francese Legendre (Adrien-Marie Legendre; Tolosa 1752 - Parigi 1833) professore alla Scuola militare di Parigi negli anni 1775-80, e successivamente alla Scuola normale e a quella politecnica, a dichiarare di aver scoperto un legame sperimentale tra i numeri primi e i logaritmi. Più tardi, nel 1849, la priorità di tale scoperta fu attribuita a Gauss, ma Legendre, finché in vita, cercò in ogni modo che fosse attribuita a lui ed entrò in aspra polemica con il matematico tedesco di venticinque anni più giovane. Legendre migliorò la formula di Gauss, apportando una correzione che avvicinava la curva $\pi(N)$ alla frequenza dei numeri primi.

$$\pi(N) = \frac{N}{\ln(N) - 1{,}08366}$$

Gauss stesso, negli ultimi anni della sua vita, perfezionò ulteriormente l'approssimazione di Legendre. Egli notò che più si procedeva verso numeri alti, più la probabilità di trovare numeri primi diminuiva. Egli considerò che tale probabilità fosse $1/\ln(N)$, la quale diminuisce all'aumentare di N, proprio perché $\ln(N)$ cresce. Tale probabilità era assai efficace per prevedere se un numero era primo oppure no, e costruì un modello nel quale prevedere il numero di numeri primi minori o uguali a N:

$$1/\ln(2) + 1/\ln(3) + \ldots + 1/\ln(N)$$

Da qui ricavò la funzione integrale $L_i(N)$ che si rivelò, con l'ampliamento delle tavole dei numeri primi, incredibilmente precisa. Le verifiche attuali la confermano per numeri della grandezza di 10^{16}. I matematici moderni hanno congetturato che se ci si spinge più in là di questo elevatissimo valore, la funzione $\pi(N)$ dovrebbe assumere valori maggiori della funzione integrale $Li(N)$, ma ciò non è mai stato verificato perché non ancora in grado di spingerci tanto in là con i calcoli. È certo, comunque, che, seppure piccola, c'è una differenza tra le due funzioni. La curva $\pi(N)$ è a scalini, mentre quella $L_i(N)$ risulta con un andamento più regolare e priva di bruschi salti.

Cambiando la prospettiva, Gauss percepì un certo ordine nei numeri primi. E sarà poi il suo allievo prediletto Bernhard Riemann, giovane studente timido e introverso, di salute cagionevole (morì a quaranta anni), a scoprire l'armonia che in essi si celava.

***

Già Pitagora fu affascinato dalla successione numerica $1/2$, $1/3$, $1/4$, … Le frazioni contenevano una bellezza tale che lo indussero a credere che fosse una successione musicale le cui note si spargessero nell'universo, e fu per questo che per essa coniò l'espressione "*la musica delle sfere*". Dopo di lui i matematici furono affascinati dalla somma infinita di questa successione:

$$1 + 1/2 + 1/3 + 1/4 + \ldots + 1/n + \ldots$$

alla quale, proprio per la sua supposta attinenza con la musica, fu dato il nome di serie armonica (v. App. iv/10). Essa, benché cresca molto lentamente, quando n cresce indefinitamente oltrepassa ogni numero finito e tende verso l'infinito. Dalla serie armonica Eulero trasse la sua generalizzazione chiamandola *funzione zeta*:

$$\xi(x) = 1/1_{^x} + 1/2_{^x} + 1/3_{^x} + \ldots + 1/n_{^x} + \ldots$$

Se al posto di x si sostituisce 2 si ottiene la serie: $1 + 1/4 + 1/9 + \ldots 1/n^2 + \ldots$ la quale si dimostra essere convergente, ma era piuttosto complicato calcolarne la somma precisa. Lo stesso Eulero riguardo a ciò scrisse: "*È tanto il lavoro fatto sulle serie che sembra poco probabile che possa saltar fuori qualcosa di nuovo a riguardo ... Anch'io, nonostante gli sforzi ripetuti non sono riuscito ad ottenere altro che valori approssimati per le loro somme*". Però qualche anno dopo sembrò meno scettico: "*Ora, tuttavia, in modo del tutto inaspettato ho trovato una formula elegante che dipende dalla quadratura del cerchio*". Eulero aveva dimostrato che la *funzione zeta* per x = 2 convergeva verso la somma $\pi^2/6$ (v. App. iv/11).

Altra particolarità della *funzione zeta* è quella che se in essa si sostituisce alla x un valore compreso tra 0 e 1, essa diverge verso l'infinito. Insomma, la *funzione zeta* risulta convergente solo per x >1. Allora, tenendo conto, come visto, che tutti i numeri sono esprimibili come prodotto di numeri primi, così che risulta, per esempio, $1/20 = 1/2^2 \cdot 1/5$, Eulero scrisse la *funzione zeta* nel seguente modo:

$$\xi(x) = (1 + 1/2^x + 1/2^2x + \ldots)x(1 + 1/3^x + 1/3^2x + \ldots)x \ldots x(1 + 1/p^x + 1/p^2x + \ldots)x\ldots$$

in seguito chiamato proprio *prodotto di Eulero*.

Eulero non andò avanti nella sua analisi, ma cento anni dopo, con la scoperta dei numeri immaginari di Cauchy(Augustin-Louis Cauchy; Parigi 1789 – Sceaux 1857), e i numeri complessi di Gauss; Riemann, all'epoca allievo di Dirichlet che aveva preso il posto di Gauss dopo la sua morte alla cattedra di matematica all'Università di Gottinga (assegnata a Riemann dopo la morte di Dirichlet), sostituendo alla x della *funzione zeta* valori complessi (v. Cap. x), non solo riuscì a dimostrare che la stima di Gauss era esatta, ma scoprì un mondo nuovo nel quale era possibile svelare i misteri dei numeri primi. Dopo anni di studi sulla *funzione zeta* a variabili complesse, nel 1859, pubblicò un breve trattato di appena dieci pagine sui risultati da lui raggiunti, nel quale, tra l'altro, stava scritto: "*Naturalmente sarebbe bello avere una dimostrazione rigorosa di ciò, ma ho accantonato la ricerca di una tale dimostrazione dopo alcuni tentativi infruttuosi, poiché essa non è necessaria per l'obiettivo immediato della mia ricerca*".

Bernhard Riemann

Pur non essendo in grado di fornire una dimostrazione, Riemann proseguì nell'indagine del suo mondo immaginario a quattro dimensioni, nel quale i numeri primi erano gli zeri della *funzione zeta*. In questo mondo immaginario, essi non si presentavano più in modo caotico, ma seguivano una precisa armonia, quasi fossero le note di una sinfonia. I numeri primi creano il paesaggio immaginario della *funzione zeta*. Ogni zero di tale funzione produce un'onda sinusoidale. Essendo i numeri primi infiniti le onde sono infinite, e le onde permettono di contare il numero esatto dei numeri primi che le hanno generate. In fig. 3 è rappresentato il paesaggio (grafico) tridimensionale della *funzione zeta* nell'intervallo di ascissa (0,3), mentre nella fig. 4 c'è la rappresentazione bidimensionale di una sua singola (generica) onda sinusoidale tra -100 e +100.

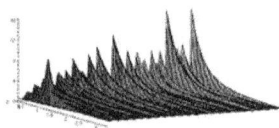

fig. 3

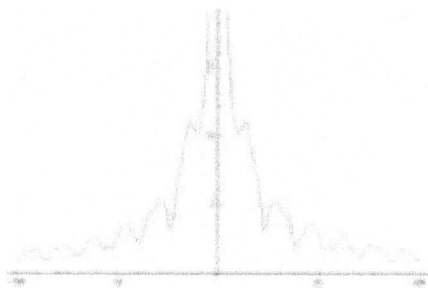

fig. 4

Tra gli zeri della *funzione zeta* ce n'erano alcuni cosiddetti banali, ma tutti gli altri erano veramente interessanti. Fu a questi che Riemann diede la caccia e notò che si disponevano lunga una linea della retta reale di ascissa 1/2. O, come dire, nel paesaggio immaginario della *funzione zeta* gli zeri si disponevano a un'altitudine di mezzo metro dal livello del mare. Una specie di retta magica (linea di simmetria o *linea critica*) che attraversava il paesaggio immaginario. Di questi zeri Riemann ne calcolò assai pochi, ed è ancora un mistero sul come avesse fatto, ma pensò che non fosse una coincidenza e ipotizzò che tutti gli zeri della *funzione zeta* dovessero disporsi su questa retta magica. È questa l'*ipotesi di Riemann*.

Nel 1900 David Hilbert (Königsberg 1862 – Gottinga 1943), al Congresso Internazionale dei matematici a Parigi, propose 23 problemi da risolvere entro il nuovo secolo XX. Di essi ben 15 riguardavano, chi in un modo chi in un altro, i numeri primi.

L'algoritmo di Euclide

Il crivello di Eratostene

La congettura di Goldbach

L'ultimo teorema di Fermat

I numeri primi di Mersenne

Gli interi gaussiani

Il prodotto di Eulero

La serie di Fourier

L'ipotesi di Riemann

La funzione tau di Ramanujan

Lo spazio di Hilbert

Il metodo del cerchio di Hardy – Littlewood

Uno zero di Siegel

La numerazione di Gödel

La formula della traccia di Selberg

Di questi problemi molti sono stati risolti, altri aspettano ancora una soluzione: tra questi c'è l'*ipotesi di Riemann*.

Appendici al Capitolo iv

Appendice iv/1

Eulero

Durante l'*Illuminismo* la scienza e la filosofia ebbero un grande sviluppo. I regnanti d'Europa fondarono Accademie e si contendevano le più eccelse menti. Fin dalla giovane età Eulero fu corteggiato per le sue doti nel ragionamento matematico. Ad appena venti anni, nel 1727, accettò l'offerta dell'Accademia delle Scienze di San Pietroburgo e lì restò fino alla sua morte. Egli scoprì così tante nuove cose in matematica che l'Accademia continuò a pubblicarle per ben cinquanta anni dopo la sua dipartita. Gli interessi del matematico svizzero spaziarono dalla trigonometria alla topologia. Ma più di ogni altra cosa amava speculare sui numeri primi. Gli riuscì di dimostrare un caso particolare dell'ultimo *teorema di Fermat*, e realizzò la tavola di tutti i numeri primi minori di 100.000.

Tra i numeri perfetti c'è 6, 28, 496, com'è facile verificare. Non è però facile trovare numeri perfetti più alti. Vediamo il perché utilizzando la formula di Euclide: $N = 2^t(2^{(t + 1)} - 1)$, nella quale l'espressione in parentesi sia un numero primo. 6 si ottiene per $t = 1$. Per $t = 2$ abbiamo $2^2(2^3 - 1) = 4 \times 7 = 28$. Per $t = 3$ l'espressione in parentesi non è un numero primo, per $t = 4$ si ha: $2^4(2^5 - 1) = 16 \times 31 = 496$, per $t = 5$ l'espressione in parentesi non è un numero primo, per $t = 6$ si ha $64 \times 127 = 8.128$ che è un numero perfetto, per $t = 7$ l'espressione in parentesi non è primo. Come si vede i numeri perfetti sono una sequenza che cresce con enorme velocità. Il numero perfetto che segue 8.128 è 523.776 che si ricava per $t = 9$. È chiaro che qui ci fermiamo. Si nota che, come Eulero aveva predetto, i numeri perfetti sono solo pari. Tentiamo con lui di dimostrare che i numeri perfetti pari debbono avere necessariamente la struttura di Euclide. Da essa si ha che la somma di tutti i divisori di N è evidentemente $(1 + 2^1 + \ldots 2^t) \cdot (1 + (2^{(t + 1)} - 1))$, ossia $(2^{(t + 1)} - 1) \cdot 2^{(t + 1)} = 2N$. La somma dei divisori di un numero pari $N = 2^t \cdot u$, dove u è un numero dispari, è il prodotto di $(2^{(t + 1)} - 1)$ e della somma dei divisori del fattore dispari che indicheremo con $\sigma(u)$. Se il numero perfetto è 2N, $(2^{(t + 1)} - 1) \cdot \sigma(u) = 2^{(t + 1)} \cdot u$, ne segue che $\sigma(u) = a \cdot 2^{(t + 1)}$ e $u = a \cdot (2^{(t + 1)} - 1)$. Quindi, ora u è sicuramente divisibile da $(2^{(t + 1)} - 1)$ e da a; ma la somma dei suoi divisori deve essere $a \cdot 2^{(t + 1)}$, sicché $a = 1$ e $(2^{(t + 1)} - 1)$ deve essere primo. C.V.D.

Appendice iv/3

L'*Apologia di un matematico*, scritta da G. H. Hardy nel 1940, è considerata una delle migliori introspezioni nella mente di un matematico, e una delle descrizioni più azzeccate di cosa significhi essere un *artista creativo*. Un aneddoto è legato a questo libro. Pare che l'autore tentò il suicidio, si salvò e fu convinto dal suo amico Charles Percy Snow a scrivere l'apologia. Pochi anni dopo la pubblicazione tentò nuovamente il suicidio, e, questa volta, gli fu fatale.

Appendice iv/4

Eratostene fu direttore della celebre biblioteca della città di Alessandria. A lui risale il primo tentativo di misurare il raggio della Terra conoscendone la circonferenza. Gli antichi si convinsero della sfericità della Terra con una prova d'inconfutabile evidenza. Durante un'eclisse di Luna, notarono che l'ombra della Terra, proiettata sulla Luna come in un gigantesco schermo, aveva i bordi curvi molto regolari.

Eratostene osservò che nel solstizio d'estate, cioè quando nell'emisfero boreale il Sole raggiunge la sua massima elevazione, nella città di Siene (Assuan) a mezzogiorno, i suoi raggi erano pressoché verticali (*"Il Sole si specchiava nel fondo dei pozzi"*). Nello stesso giorno, a mezzogiorno, nella città di Alessandria i raggi del Sole non erano verticali, ma formavano con la verticale un angolo α di sette gradi e dodici primi (7° 12'). Eratostene conosceva la distanza che intercorreva tra Siene e Alessandria misurata in *stadi* e corrispondente a circa 785 Km. Se teniamo valide le ipotesi implicite nel ragionamento di Eratostene:

a) In ogni punto della superficie terrestre la verticale è diretta verso il centro della Terra.

b) La distanza fra la Terra e il Sole è molto grande rispetto alla dimensione della Terra, perciò i raggi del Sole si possono considerare paralleli.

c) Alessandria si trova perfettamente a Nord di Siene, cosicché il mezzogiorno è simultaneo in entrambe le città.

Allora, con riferimento alla figura (l'ampiezza dell'angolo α è stata amplificata per una maggiore evidenza), tagliamo la Terra con un piano che passa per il suo centro O e contenga i punti S (Siene) e A (Alessandria), oltre, naturalmente, il Sole. Risulta chiaro che la verticale del Sole con la verticale nel punto A, ha la stessa ampiezza dell'angolo S^OA. La lunghezza dell'arco fra A e S (distanza tra Siene e Alessandria) è in proporzione con l'intera circonferenza della Terra. Siccome 12' = 1/5 di 1° si ha:

$$785 : x = 7 + 1/5 : 360$$

da cui:

$$(7 + 1/5) \cdot x = 785 \cdot 360$$

ossia:

$$x = 5 \cdot 10 \cdot 785 = 39.250$$

Se teniamo conto che oggi stimiamo la circonferenza della Terra in 40.000 Km la misura ottenuta da Eratostene era piuttosto precisa.

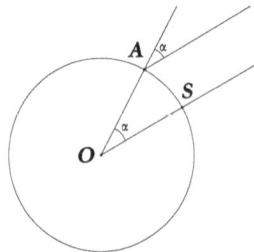

Appendice iv/5

Fermat lasciò ai posteri molte ipotesi o congetture senza darne la dimostrazione. Anche il cosiddetto *ultimo teorema di Fermat,* formulato nel 1637, altro non era che una congettura. Forse fu chiamato teorema perché egli dichiarò di averlo dimostrato in un'annotazione ai margini di una copia del libro *Arhitmetica* di Diofanto, nella quale stava scritto:*"Dispongo di una meravigliosa dimostrazione di questo teorema, che non può essere contenuta nel margine troppo ristretto della pagina".* Ma, evidentemente, così non era. La dimostrazione che l'equazione $x^n + y^n = z^n$ non ha soluzioni intere per $n>2$ è stata data nel 1994, dopo un primo erroneo tentativo nel 1993, da A. Wiles (Andrew John Wiles; Cambridge 1953). L'ultimo teorema di Fermat fu dimostrato da Eulero per $n = 3$, da Legendre (Adrien-Marie Legendre; Parigi 1752 – 1833) per $n = 5$, e da Sophie Germain (Marie-Sophie Germain; Parigi 1776 – 1831) la quale dimostrò che il teorema era probabilmente vero per n uguale a un particolare numero primo p tale che $p = 2n+1$ fosse anch'esso primo.

L'ultimo teorema di Fermat altro non è che la generalizzazione dell'equazione di Diofanto: $a^2 + b^2 = c^2$ sulle terne pitagoriche, cioè tre numeri che soddisfino al teorema di Pitagora. Già a quel tempo si conoscevano le terne (3,4,5); (6,8,10); (5,12,13); (15,20,25). Le terne pitagoriche sono infinite.

Marie-Sophie Germain

Marie-Sophie Germain è considerata un'eroina del movimento femminista per la battaglia che ha condotto contro i pregiudizi sociali e culturali del suo tempo. Per frequentare l'*Accademia delle Scienze* di Parigi si travestiva da uomo e fu costretta a usare un pseudonimo maschile (Antoine-August Le Blanc) per poter pubblicare i suoi risultati sulla teoria dei numeri. Soltanto dopo tanti anni di duro lavoro furono riconosciuti e apprezzati i suoi contributi nel campo della matematica.

Appendice iv/6

Marin Mersenne nacque da umili origini e fu educato a Le Mans presso il locale collegio gesuitico La Flèche. Fu proprio in questo convento che conobbe Cartesio. Nel 1611 entrò nell'ordine dei frati minimi, e, dopo studi di teologia, ricevette i voti nel 1613. Insegnò filosofia a Nevers per alcuni anni. Nel 1620 rientrò a Parigi nel convento de L'Annonciade. Qui, insieme a Cartesio e Pascal, si dedicò allo studio della matematica. Mantenne una fitta corrispondenza con tanti altri matematici del suo tempo. In un'epoca in cui non esistevano le riviste scientifiche, Mersenne fu un veicolo importante per la circolazione delle informazioni e delle scoperte. Si narra che fu proprio dalla corrispondenza con Fermat che venne a conoscenza della sua formula per generare i numeri primi. Morì nel 1648 per le conseguenze di un intervento chirurgico.

Appendice iv/7

Nepero non era un matematico di professione, ma un ricco proprietario terriero scozzese che si dilettava di matematica, e, per oltre venti anni, come egli stesso informa, si occupò dei logaritmi. Nel 1614 pubblicò il trattato *Mirifici logarithmorum canonis descriptio* nel quale diede la descrizione di come utilizzare i logaritmi per semplificare i calcoli che richiedono complicate moltiplicazioni, trasformando quest'ultime in più facili addizioni. Nel suo libro *Rabdologia* del 1617 egli scrive: "*Eseguire calcoli è operazione difficile e lenta e spesso la noia che ne deriva è la causa principale della disaffezione che la maggioranza della gente prova nei confronti della matematica*". Dopo aver sviluppato calcoli in varie basi, Nepero, su consiglio dell'amico Henry Briggs (1561 – 1630), concentrò la sua attenzione sui logaritmi naturali che hanno per base il numero irrazionale *e*, indicati generalmente con ln(N). È proprio in suo onore che questo numero è chiamato di Nepero (detto anche di Eulero). Egli era un tipo molto burbero e scontroso e nient'affatto socievole. Partecipò alle dispute teologiche dell'epoca, assumendo una posizione di fervente protestante e aspro oppositore del Papato Romano. I suoi concittadini lo consideravo una specie di stregone per i suoi studi sull'astrologia che lo portarono a predire l'*Apocalisse* nel 1700 o nel 1888.

Il suo amico Henry Briggs compilò le tavole dei logaritmi in base 10 e svolse un'efficace opera di diffusione sulla pratica di questi numeri. L'uso dei logaritmi nel calcolo costituì una grande conquista non solo in matematica ma anche nell'astronomia e nella fisica. Inoltre, i calcoli semplificati, ebbero una notevole influenza nelle attività tecnologiche e finanziarie, nonché sullo sviluppo dei commerci e delle attività imprenditoriali.

Appendice iv/8

Si definisce logaritmo di un numero N in base α (N>0; α>0), l'esponente x al quale elevare la base per ottenere N, cioè: $\alpha^x = N$, e si scrive: $x = \log_\alpha(N)$

Usando le proprietà della potenza sono di facile dimostrazione le seguenti proprietà dei logaritmi qualunque sia la base α:

1) $\log(1) = 0$; 2) $\log(\alpha) = 1$; 3) $\log(N \bullet M) = \log(N) + \log(M)$; 4) $\log(N/M) = \log(N) - \log(M)$ 5) $\log(N^n) = n \bullet \log(N)$.

In figura è riportata la curva logaritmica di una generica funzione $y = \log(x)$.

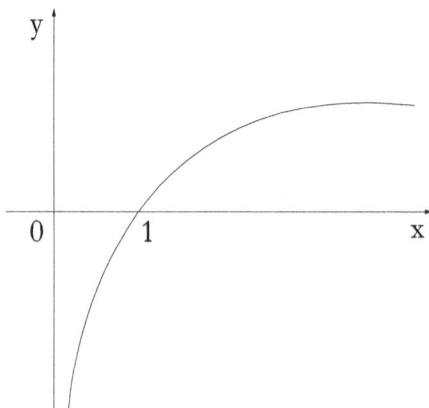

Appendice iv/9

Tra le tante carte di Gauss ritrovate dopo la sua morte c'è l'esclamazione archimedea: *Eureka!* (*Ho trovato!*) e sotto la formula:

$$\text{num} = \Delta + \Delta + \Delta$$

che sta a rappresentare la scoperta che ogni numero intero può essere espresso come la somma di tre numeri triangolari, ovvero di quei numeri la cui formula è data da: $T_n = n \cdot (n + 1)/2$: 1, 3, 6, 10, 15, 21, 28, ..., per esempio: 50 = 1 + 21 + 28. I numeri triangolari si possono disporre su una griglia regolare di un triangolo isoscele o un triangolo equilatero.

Altri appunti di Gauss restano un mistero. L'11 ottobre del 1796 scrive: *VICIMUS GEGAN*. Non si è mai riusciti a capire a cosa si riferisse.

Appendice iv/10

La serie: $1 + 1/2 + 1/3 + 1/4 + ... + 1/n + ...$ è chiamata armonica perché ogni suo termine è la media armonica tra il termine precedente e quello successivo, ove per media armonica tra due numeri s'intende il reciproco della media aritmetica dei numeri considerati. Nella serie armonica risulta:

$$\cfrac{1}{\cfrac{(n - 1) + (n + 1)}{2}} = \frac{2}{2n} = \frac{1}{n}$$

La serie di Mengoli (Pietro Mengoli; Bologna 1626 – 1686), è quella in cui il termine n-simo è espresso da: $1/n(n+1)$, il quale può essere scritto $(1+n-n)/n(n+1) = (1+n)/n(n+1) - n/n(n+1) = 1/n - 1/(n+1)$, pertanto la somma parziale di questa serie risulta:

$S_n = 1/1\cdot2 + 1/2\cdot3 + 1/3\cdot4 + \ldots + 1/n(n+1) = 1 - 1/2 + 1/2 - 1/3 + 1/3 - 1/4 + \ldots + 1/(n-1) + 1/n - 1/(n+1) = 1 - 1/(n+1)$ la quale tende a 1 per $n \rightarrow +\infty$

Confrontando la serie di Mengoli con la serie armonica di ordine 2 si nota che $1/2^2 < 1/1\cdot2$; $1/3^2 < 1/2\cdot3$; … quindi se la serie armonica inizia da $n = 2$, essa conserva lo stesso carattere. Cioè la serie armonica:

$1/2^2 + 1/3^2 + 1/4^2 + \ldots + 1/(n+1)^2 + \ldots$

essendo $1/(n+1)^2 < 1/n(n+1)$, come è facile verificare, risulta minorante della serie di Mengoli, e quindi, per il criterio del confronto, anch'essa è convergente e la sua somma risulta: $s - 1 < 1$, ossia $s < 2$. Per la serie armonica di ordine 2, Eulero ha trovato $s = \pi^2/6 = 1,6432\ldots$

v. I numeri irrazionali

I numeri interi relativi furono introdotti in aritmetica per poter risolvere semplici equazioni, quale, per esempio, x + 5 = 3. Essi sono preceduti da un segno + o − e occupano ambo i prolungamenti della retta numerica a destra e a sinistra dell'origine zero (v. App. v/1). Anche i numeri razionali si resero necessari per risolvere equazioni del tipo 2x + 1 = 4, o semplici problemi quali, per dire, dividere cinque mele tra tre persone. Con semplici procedimenti, come in fig. 1, si può stabilire che fra due numeri interi ci sono infiniti numeri razionali, cioè esprimibili come frazioni. Infatti, tutti i numeri decimali, decimali periodici semplici e misti, si possono ricondurre alle loro frazioni generatrici (v. App. v/2).

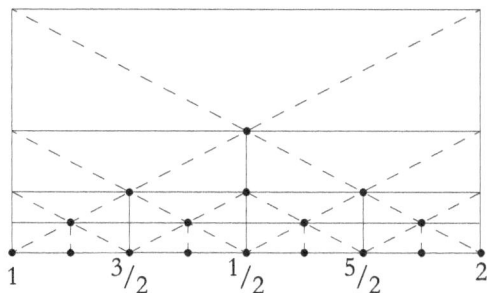

fig. 1

Ciò non è per i numeri irrazionali. Già nella *scuola pitagorica* scoprirono l'esistenza di numeri *strani* che non si potevano ricondurre a frazioni. Nel calcolo dell'ipotenusa di un triangolo rettangolo isoscele di lato 1, con il *teorema di Pitagora*, ottenevano la radice quadrata di 2, e non erano in grado di trovare una frazione che esprimesse tale valore (fig. 2).

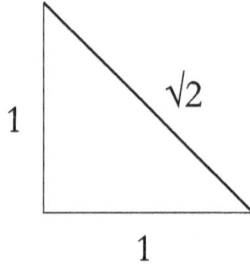

fig. 2

La radice quadrata di 2 comincia con 1,414213562 ..., le cifre dopo la virgola non si stabilizzano in un periodo e non hanno mai termine. I *pitagorici* ritrovarono $\sqrt{2}$ nel calcolo della diagonale di qualsiasi quadrato. Infatti, supposto *l* il lato del quadrato si ha: $d^2 = l^2 + l^2 = 2l^2$ da cui $d = l \cdot \sqrt{2}$. Cioè $d/l = \sqrt{2}$ (v. App. v/3). La diagonale e il lato di un quadrato risultano *incommensurabili*, ossia non è possibile trovare un segmento, per quanto piccolo, sottomultiplo comune fra loro. Questi *strani* numeri misero in crisi il concetto della *monade* (punto esteso) sul quale si basava la geometria pitagorica. Essi diedero avvio a lunghe discussioni che condussero a concepire in modo nuovo non solo la geometria ma anche l'aritmetica e il concetto di numero.

***

Già negli *Elementi* di Euclide (libro X) ci sono chiari riferimenti agli incommensurabili nella risoluzione di problemi geometrici con l'uso delle equazioni (v. App. v/4), e, soprattutto, alle cosiddette *classi contigue*, riprese da Dedekind (v. App. v/5). Fu il matematico tedesco a dare una definizione rigorosa degli irrazionali. Egli definisce un numero irrazionale α come elemento separatore di due sezioni di numeri razionali: α = (A', A''). Una coppia (A', A'') di numeri razionali costituisce una sezione dell'insieme Q se:

a) Ogni numero razionale appartiene o ad A' o ad A''.

b) Ogni elemento di A' è minore di ogni elemento di A''.

c) L'insieme A' non ammette massimo e l'insieme A'' non ammette minimo. Cioè, comunque scelto un a' di A' c'è sempre un a'* di A' tale che a'*>a', e, comunque scelto un a'' di A'' c'è sempre un a''* di A'' tale che a''*<a''.

Ciò posto, sia α = (A', A'') e β = (B', B''), allora α + β = (A' + B', A'' + B'').

Se α = (A', A'') allora –α = (-A'', -A'). Quindi α – β = α + (– β) = (A', A'') + (-B'', -B') = (A' - B'', A'' - B').

Inoltre α•β = (A'•B', A''•B'').

Se α = (A', A'') allora 1/α = (1/A'', 1/A'). Quindi α/β =(A', A'')•(1/B'',1/B') = (A'/B'', A''/B').

Come prima accennato, una definizione facilitata di sezioni di Dedekind si ha prendendo in considerazione i valori approssimati dei numeri irrazionali mediante la costruzione di due *classi contigue* (v. App. v/6).

I numeri razionali Q e gli irrazionali I sono tali che:

Q ∩ I = Ø e Q ∪ I = R. Cioè costituiscono una partizione dei numeri Reali R (fig. 3), così chiamati quando furono scoperti i numeri immaginari (v. Cap. x).

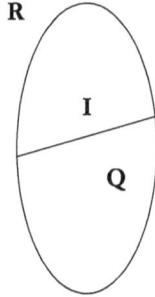

fig. 3

L'insieme R dei numeri reali non è numerabile. Per dimostrare che non è possibile stabilire una corrispondenza biunivoca tra N e R ragioniamo come segue. Supponiamo per ipotesi che si possano elencare tutti i numeri reali, per esempio, nell'intervallo (0,1) e siano essi:

r1 = 0,317181...

r2 = 0,467954...

r3 = 0,673123...

r4 = 0,865171...

....

E fissiamo la corrispondenza in modo tale da far corrispondere ad ogni numero naturale la prima cifra decimale, la seconda, la terza, e così via. È sempre possibile costruire un altro numero reale non compreso nell'elenco scegliendo 0 come parte intera e come parte decimale 1 se la prima cifra decimale di r1 è minore di 5, oppure 6 se invece è maggiore o uguale a 5, e così per la seconda, la terza, e così via. Nel nostro caso si avrebbe il numero x = 0,1611... il quale è diverso da tutti i numeri in elenco. Qualunque sia l'elenco, il numero così costruito è diverso da tutti i numeri in esso contenuti, in quanto ha almeno una cifra decimale diversa: quella che occupa il posto n +1. Quindi la corrispondenza di cui sopra non esaurisce tutti i numeri reali nell'intervallo (0,1). A maggior ragione l'insieme R.

I numeri reali hanno la *potenza del continuo*, ossia sono in corrispondenza con la retta intesa come insieme di punti. Per far ciò basta fissare sulla retta un sistema di ascisse. Tutti gli insiemi *equipotenti* ad R hanno la *potenza del continuo*. Anche un segmento qualunque ha la *potenza del continuo*, o, come dire, ha gli stessi punti della retta. Infatti disponiamo un generico segmento AB perpendicolare alla retta r in modo tale che essa sia l'asse di AB (fig. 4). Detto M il punto medio di AB, fissiamo un punto H nel semipiano di r contenente A in modo tale che sia d(H,r) = AM. Scelto P_1 di AM congiungiamo H con P_1 fino ad incontrare r' in P_2, corrispondente di P_1 su AM. Viceversa un punto Q_2 di r' ha come corrispondente il punto Q_1 su AM intersezione di esso con la retta HQ_2. Tale corrispondenza è biunivoca.

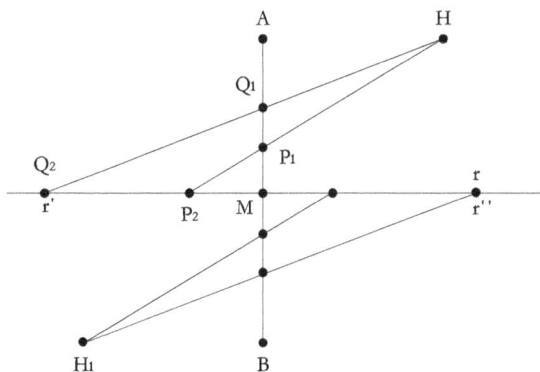

fig. 4

Analogamente si può procedere per il segmento MB e la semiretta r''. È chiaro che M è il corrispondente di se stesso. In questa corrispondenza sono esclusi gli estremi A e B del segmento, in quanto congiunti con H e H' danno rette parallele ad r.

Anche il piano ha la *potenza del continuo*. Con riferimento alla fig. 5 dimostriamo che il segmento di estremi 0 e 1 è *equipotente* al quadrato di lato unitario.

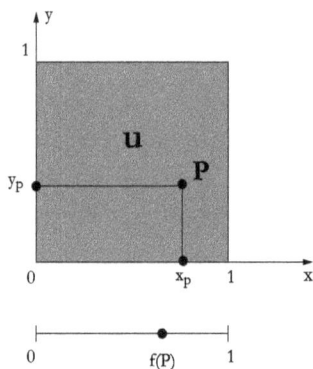

fig. 5

Consideriamo un punto P di U. Le sue coordinate cartesiane saranno due numeri reali compresi tra 0 e 1. Siano esse, ad esempio, $x_P = 0,75801\ldots$ e $y_P = 0,32497\ldots$ Costruiamo l'ascissa f(P) del segmento (0,1) corrispondente a P, considerando alternativamente le cifre decimali di x_P e y_P, cioè poniamo $f(P) = 0,7352840917\ldots$ La corrispondenza così costruita è biunivoca perché ad ogni P di U corrisponde un solo f(P) del segmento e viceversa. Infatti se Q è un punto del segmento (0,1) tale che $x_Q = 0,58304467\ldots$ allora Q' in U ha ascissa $x_Q = 0,5346\ldots$ (cifre pari di Q) e $y_Q = 0,8047\ldots$ (cifre dispari di Q).

Un ragionamento analogo a quello del piano si potrebbe applicare allo spazio.

Le dimostrazioni di cui sopra sono dovute a Cantor (v. App. v/7). Egli stesso restò stupito dalle sue deduzioni, tant'è vero che in una lettera a Dedekind, suo contemporaneo, scrisse: *"Lo vedo ma non lo credo"*.

***

La continuità dei numeri reali è collegata alla continuità della retta numerica, ma i numeri irrazionali sono, per così dire, sganciati dalla rappresentazione geometrica. La loro esistenza prescinde da qualsiasi visualizzazione. Essi sono piuttosto le soluzioni invisibili di un processo illimitato di avvicinamento, di approssimazioni successive, il cui limite non è un'entità osservabile quale potrebbe essere inteso un punto geometrico. Hegel (cit.) sostiene, in connessione con la concezione platonica, che i numeri sono qualcosa che si colloca tra il concettuale e il sensibile. Nella prima parte della *Filosofia della Natura (Enzyklopädie der philosophischen Wissenschaften)* intitolata *Meccanica* egli scrive:"*... il numero, questa esteriorità esterna ed astratta... costituisce l'ultimo livello della incompletezza, quello di cogliere l'universale affetto dal sensibile. Gli antichi hanno avuto precisa coscienza che il numero si colloca nel mezzo tra il sensibile ed il pensiero. Aristotele cita da Platone (Methaphysica) l'affermazione che oltre al sensibile e alle Idee, le determinazioni matematiche delle cose hanno una posizione intermedia...*". Tale analisi ci pare appropriata per gli incommensurabili. Hegel, inoltre, loda il fatto che gli antichi abbiano distinto fra Monade e Diade da un lato, e i numeri uno e due dall'altro, perché lo considera segno di una profonda coscienza nei confronti della differenza fra ontologia e matematica. Una coscienza che a suo avviso è andata deplorevolmente perduta nei tentativi a lui contemporanei di trasferire in filosofia, senza tanti giri di parole, i concetti matematici: "*... È stato già citato riguardo a quelle espressioni numeriche... il fatto che i Pitagorici hanno distinto fra la Monade e l'Uno; essi hanno ritenuto la Monade pensiero e l'Uno, invece, numero; allo stesso modo hanno considerato il due come ciò che è aritmetico e la diade come pensiero dell'indefinito. Questi antichi hanno capito prima di tutto, molto correttamente, l'insufficienza delle forme numeriche in rapporto alle determinazioni di pensiero, e non meno correttamente hanno inoltre preteso per il pensiero la sua propria espressione, ... quanto sono proceduti oltre nella loro riflessione rispetto a quelli che oggigiorno ritengono alcunché di lodevole, anzi, alcunché di fondato e profondo, porre di nuovo numeri e determinazioni numeriche... al posto delle determinazioni di pensiero...*".

Appendici al Capitolo v

Appendice v/1

I numeri negativi furono usati dagli indiani per indicare i debiti. In Europa, così come le cifre della numerazione a base dieci, furono introdotti da Leonardo Pisano (Fibonacci). Egli ne riferisce nella risoluzione del famoso quesito sui *quattro uomini e la borsa ritrovata*. La soluzione da lui trovata prevede l'esistenza di un debito, cioè di un numero negativo. Tale quesito è risolto nel suo libro *Flos* (il Fiore), che insieme a *Liber quadratorum* costituiscono i suoi contributi alla teoria dei numeri. In quest'ultimo libro egli risolve il problema di trovare un numero *quadrato* tale che sottraendogli e sommandogli 5 si ottengano ancora due numeri *quadrati*. La soluzione da lui trovata è il numero $11 + 97/144$ quadrato di $3 + 5/12$; sottraendogli 5 si ottiene $6 + 97/144$ che è il quadrato di $2 + 7/12$, mentre aggiungendogli 5 si ottiene $16 + 97/144$ che è il quadrato di $4 + 1/12$.

Appendice v/2

Per esempio: $5,7 = 57/10$; $5,(7) = (57 - 5)/9 = 52/9$; $5,2(7) = (527 - 52)/90 = 95/18$.

Appendice v/3

La leggenda attribuisce a Ippaso (di Metaponto; (?)) la scoperta e la divulgazione del numero $\sqrt{2}$. La reazione dei *pitagorici* fu durissima. Lo bandirono dalla scuola nonostante fosse considerato un luminare, secondo solo a Pitagora stesso. Morì poco tempo dopo vittima di un naufragio. Nel suo *Commentario* Proclo scrive: "*I pitagorici narrano che il primo divulgatore di questa teoria* (degli incommensurabili) *fu vittima di un naufragio; e parimenti si riferivano alla credenza secondo la quale tutto ciò che è irrazionale, completamente inesprimibile e informe, ama rimanere nascosto; e se qualche anima si rivolge ad un tale aspetto della vita, rendendolo accessibile e manifesto, viene trasportata nel mare delle origini, ed ivi flagellata dalle onde senza pace*".

Appendice v/4

A titolo di esempio illustriamo la risoluzione del problema:

"*Dato un segmento AB, si deve costruire su una parte AC di esso, assunta come base, un rettangolo di area assegnata in modo che l'altezza sia uguale alla parte restante CB del segmento AB*" con un metodo che è riconducibile alle equazioni di 2° grado del tipo $x^2 - ax + b = 0$.

La soluzione fa uso della prop. 5 del Libro II degli *Elementi* la quale afferma:

"*Se si divide una retta* (nel senso di segmento) *in parti uguali e disuguali, il rettangolo formato dalle parti disuguali della retta, insieme con il quadrato della parte compresa fra i punti di divisione, è uguale* (equivalente) *al quadrato della metà della retta*".

In altri termini, con riferimento alla figura, dato un segmento AB, consideriamo il punto medio M che lo divide *in parti uguali*, e un altro punto C che lo divide *in parti disuguali*. Ebbene, il rettangolo avente dimensioni AC e CB (parti (1) e (2) in figura), sommato al quadrato costruito sul segmento MC (quadrato (4) in figura) è equivalente al quadrato costruito su MB (in figura costituito dalle parti (2), (3), (4), (5)). Osservato che i rettangoli (2) e (5) sono uguali, si ha:

$[(1) + (2)] + (4) \equiv (1) + (5) + (4) \equiv [(2) + (3)] + (5) + (4)$ (Si noti che $(1) \equiv (2) + (3)$ avendo essi la stessa base e la stessa altezza). Posto a = l(A,B) e b = area del rettangolo di dimensioni AC e CB, si tratta allora di risolvere l'equazione $(a - x) \bullet x = b$, cioè $x^2 - ax + b = 0$, con x = CB. L'area b sommata a quella del quadrato di lato MC è equivalente al quadrato di lato MB che ha area = $(a/2)^2$.

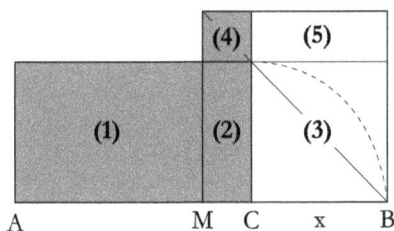

Cioè: $b + (MC)^2 = (a/2)^2$ da cui: $MC = \sqrt{(a/2)^2 - b}$ e quindi x = CB = MB − MC = $a/2 - \sqrt{(a/2)^2 - b}$, che è esattamente la formula ridotta per risolvere l'equazione di 2° grado: $x^2 - ax + b = 0$.

È facile verificare che la seconda soluzione dell'equazione, geometricamente, corrisponde al punto C' simmetrico di C rispetto a M.

Si noti che, indicando con m e n rispettivamente le lunghezze di AM e MC, da cui CB = m − n, l'enunciato del problema si può esprimere, algebricamente, scrivendo l'identità $(m + n) \bullet (m - n) + n^2 = m^2$ che è il noto prodotto notevole $(m + n) \bullet (m - n) = m^2 - n^2$.

Appendice v/5

J. W. R. Dedekind, nel 1848, entra al *Collegium Carolinum* della sua città natale, e nel 1850 all'Università di Gottinga dove consegue il dottorato in matematica sotto la supervisione di Gauss. Nel 1858 si trasferisce a Zurigo a insegnare al Politecnico. È in questo periodo che si occupa approfonditamente degli incommensurabili.

Appendice v/6

Due classi di numeri razionali H1 e H2 si dicono contigue se soddisfano alle seguenti condizioni:

1) ogni numero della classe H1 è minore di ogni numero della classe H2.

$$\forall\, h1 \in H1; \forall\, h2 \in H2:\ h1 < h2$$

2) è sempre possibile determinare due numeri uno in H1 e l'altro in H2 tali che la loro differenza sia più piccola di un $\varepsilon > 0$ scelto arbitrariamente piccolo (infinitesimo).

$$\forall\, \varepsilon > 0, \exists\, h1 \in H1, \exists\, h2 \in H2:\ h2 - h1 < \varepsilon$$

Consideriamo, per esempio, $\sqrt{2}$. Esso può essere definito come elemento separatore tra due classi contigue H1 e H2 ottenute con i suoi valori approssimati rispettivamente per difetto e per eccesso, a meno di una unità, di un decimo, di un centesimo, e così via. Gli antichi e i matematici dei secoli scorsi che non avevano a disposizione le calcolatrici procedevano nel seguente modo.

Tenendo conto che $(\sqrt{2})^2 = 2$, si ha $1^2 = 1$ e $2^2 = 4$, quindi: $1 < \sqrt{2} < 2$.

Dopo di che:

$1,1^2 = 1,21 < 2$

$1,2^2 = 1,44 < 2$

$1,3^2 = 1,69 < 2$

$1,4^2 = 1,96 < 2$

$1,5^2 = 2,25 > 2$ da cui $1,4 < \sqrt{2} < 1,5$

ancora

$1,41^2 = 1,9881 < 2$

$1,42^2 = 2,0164 > 2$ da cui $1,41 < \sqrt{2} < 1,42$

Procedendo si trova

$1,414 < \sqrt{2} < 1,415$

$1,4142 < \sqrt{2} < 1,4143$

……………………..

In questo modo si costruiscono le due classi contigue:

$$H1 = \{1; 1,4; 1,41; 1,414; 1,4142; \ldots\}$$
$$H2 = \{2; 1,5; 1,42; 1,415; 1,4143; \ldots\}$$

È facile verificare che esse soddisfano alle condizioni di cui sopra.

Sono irrazionali tutte le radici quadrate dei numeri non quadrati perfetti: $\sqrt{3}$, $\sqrt{5}$, $\sqrt{6}$, $\sqrt{7}$, $\sqrt{8}$, $\sqrt{10}$, … così come le radici cubiche dei numeri non cubi perfetti, ecc..

Appendice v/7

Georg Cantor (1845 – 1918), matematico russo di origine tedesca, è il padre della moderna teoria degli insiemi, la quale comprende i concetti di numeri infiniti, transfiniti; numeri cardinali e ordinali.

vi. L'invariante pi-greco

Fin dall'antichità pi-greco è il rapporto tra la circonferenza e il diametro del cerchio che sono tra loro due grandezze incommensurabili: $\pi = c/2r$ (fig. 1).

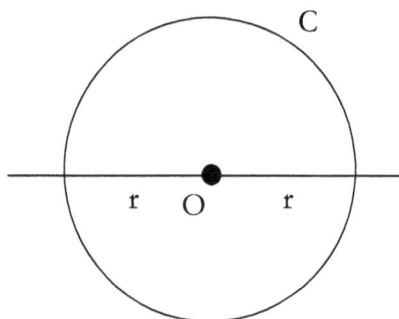

fig. 1

Tale rapporto è un invariante, non varia cioè al variare del raggio del cerchio in un piano in cui siano validi il teorema di Pitagora e il teorema di Talete (di Mileto; 624 – 548 a. C. (?)). Come dire π è invariante nel piano *euclideo* (v. App. vi/1). Ma anche nel piano *non-euclideo iperbolico* di N. I. Lobaçevskij (Nikolaj Ivanovic Lobaçevskij; 1792 - 1856), π è usato per il calcolo della circonferenza di un cerchio: c = πk(e^r/k – 1/e^r/k), dove k è la costante del *piano iperbolico* ed *e* l'irrazionale esponenziale. Al variare di r, raggio del cerchio, la formula resta immutata e π è invariante nel *piano iperbolico* (v. R. Zucchini: *Il quinto postulato*, Mnamon 2012).

Pi-greco può essere definito come rapporto tra la superficie del cerchio e il quadrato del suo raggio: $\pi = S/r^2$. Questa definizione è equivalente alla precedente. Infatti, scomponendo un poligono regolare di n lati inscritto in un cerchio in una sequenza di n triangoli isosceli uguali (assimilabili a settori circolari all'aumentare di n) con il vertice nel centro del cerchio (fig. 2) si ha: $S = r \cdot n \cdot l/2 = r/2 \cdot n \cdot l$. Quando $n \to +\infty$, $n \cdot l \to c$ e quindi $S = c \cdot r/2$, ma $c = 2\pi r$ e quindi $S = \pi r^2$.

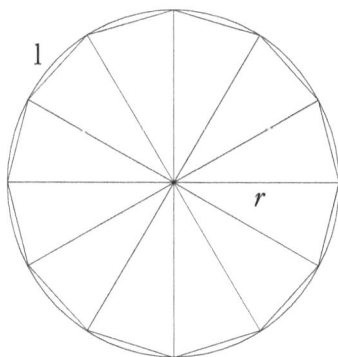

fig. 2

L'irrazionalità di pi-greco fu dimostrata per la prima volta nel 1768 da Lambert (Johann Heinrich Lambert; Mulhouse 1728 – Berlino 1777) (v. App. vi/2). Successivamente fu Legendre (cit.) a dimostrare l'irrazionalità di π^2. Ma la storia di pi-greco e delle sue approssimazioni inizia con l'antica civiltà babilonese. Furono i babilonesi, infatti, ad attribuire a π il valore di $3 + 1/8$ (v. App. vi/3). Gli egiziani al rapporto circonferenza/diametro attribuirono il valore $(16/9)^2$ che corrisponde a 3,160493827 (v. App. vi/4). Nel 1835 il matematico americano Carl Thèodore Heisel nel suo libro *Mathematical and geometrical demonstrations ...* propose per il π il valore 256/81, lo stesso degli antichi egizi, argomentando che esso era *appropriato* per calcolare la circonferenza e l'area di cerchi di raggi 1, 2, 3, ..., fino a 9, e che nei risultati trovati non si riscontravano *controversie*.

***

In Grecia fu Anassagora (di Clazomene; 496 – 428 a. C. (?)) a porsi il problema della *quadratura del cerchio*. Dato un cerchio, il problema della sua quadratura consiste nel disegnare un quadrato che abbia la sua stessa area, imponendo di: 1) utilizzare una riga non graduata e un compasso, 2) utilizzare un numero finito di passaggi intermedi. In altri termini, si tratta di costruire $\sqrt{\pi}$ con l'uso della riga e del compasso. Il problema della *quadratura del cerchio* è perfettamente equivalente a quello della *rettificazione della circonferenza*, ossia tracciare un segmento la cui lunghezza è uguale a quella della circonferenza del cerchio preso in esame. Quello della *quadratura del cerchio* è un problema che si è protratto dall'antichità fino al XX secolo. Nel 1775 l'Accademia delle Scienze di Parigi fu costretta a non accettare più le presunte *soluzioni* della *quadratura del cerchio*, perché ne pervenivano talmente tante che la loro revisione impegnava a tempo pieno il lavoro di molti geometri dell'Accademia. I tentativi continuarono anche dopo che F. von Lindemann (Carl Louis Ferdinand von Lindemann; Hannover 1852 – Monaco di Baviera 1939) nel 1882 dimostrò la trascendenza di π (un numero si dice trascendente se non è soluzione di alcuna equazione algebrica) (v. App. vi/5). Va sottolineato che la dimostrazione di π numero trascendente implica l'impossibilità di risolvere il problema della *quadratura del cerchio*. Ma, così come avvenne per il *quinto postulato* di Euclide, per più di duemila anni, i matematici tentarono invano di risolvere un problema irresolubile. I loro tentativi condussero comunque ad approssimazioni sempre più precise di π.

Antifonte (di Atene; 480 – 410 a.C. (?)) propose di quadrare il cerchio costruendo poligoni aventi un numero di lati sempre più grande. L'idea fu ripresa da Eudosso (di Cnido; 408 – 355 a. C). Essa consiste nel considerare poligoni i quali, all'aumentare del numero dei lati, possano confondersi con il cerchio. Questo procedimento è detto *metodo di esaustione*. Come oggi sappiamo ciò è possibile solo se prendessimo in considerazione poligoni con un numero infinito di lati. Quindi il problema non era riconducibile a un numero finito di passaggi. Comunque, Eudosso sostenne che, siccome si possono quadrare singolarmente i poligoni che ricoprono il cerchio, fosse possibile quadrare lo stesso cerchio. Negli *Elementi* di Euclide (il più celebre libro di geometria di tutti i tempi) si ritrovano concetti molto più soddisfacenti del *metodo di esaustione*. Negli *Elementi* sta scritto che prendendo poligoni con un gran numero di lati si può *"rendere la differenza tra l'area del cerchio e l'area dei poligoni che via via si costruiscono più piccola di ogni quantità positiva presa a piacere, per quanto essa sia piccola"*. È questa di Euclide una definizione del *metodo di esaustione* conforme a quella del *passaggio al limite* della moderna analisi matematica, e, così com'è concepito, esso non è altro che l'attuale *calcolo integrale*.

Già prima di Euclide, Ippocrate (di Chio; V sec. a.C.) riuscì a quadrare diverse figure aventi i bordi composti da archi di cerchi, le cosiddette *lunule* di Ippocrate (v. App. vi/6). Queste *lunule* affascinarono moltissimi matematici nel corso dei secoli, e, probabilmente, li indussero a perseguire con determinazione la risoluzione del problema della *quadratura del cerchio*. Di queste *lunule* Leonardo Da Vinci (Vinci 1452 – Amboise 1519) ne costruì più di cento.

Un altro interessante tentativo della *quadratura del cerchio* fu quello fatto da Ippia (di Elis; n. 380 a.C.(?)) citato da Platone in varie sue opere. Vogliamo dar conto del ragionamento di Ippia con riferimento alla fig. 3.

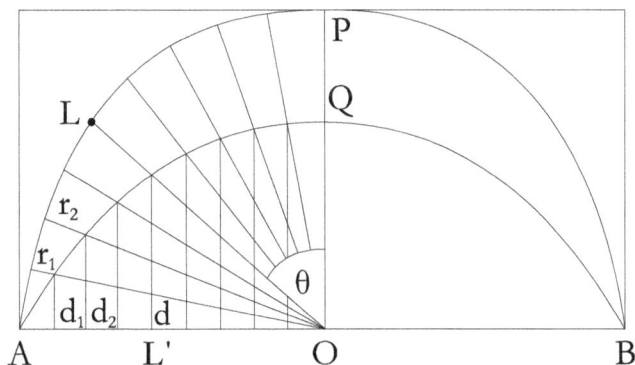

fig. 3

Immaginiamo un punto L che percorra a velocità costante l'arco AP del cerchio, mentre, contemporaneamente, una retta d perpendicolare ad AB si sposta a velocità costante da A a O. Il luogo delle intersezioni del raggio OL con d, cioè l'insieme dei punti M, è la curva detta *quadratrice di Ippia*.

Per costruire n punti della *quadratrice* utilizzando riga e compasso, si divida l'arco AP in n archi uguali, i quali individuano n raggi, r1, r2, ... rn, e si traccino n rette verticali, d1, d2, ... dn, tra A e O tra loro equidistanti. Il punto Q intersezione della *quadratrice* con OP si ottiene quando L → P. Si dimostra che il rapporto AB/OQ = π. Infatti, usando notazioni trigonometriche all'epoca non conosciute ma perfettamente conformi al ragionamento di Ippia, AL'/(π/2 - Θ) è costante è vale 2r/π. Siccome AL' = r - O L' = r – OMsenΘ si deduce che r – OMsenΘ = 2r((π/2 - Θ)/π), da cui, con pochi passaggi algebrici, 2r = πOMsenΘ/Θ, se Θ → 0, senΘ/Θ → 1, OM → OQ e π = 2r/OQ = AB/OQ. Avendo costruito due segmenti il cui rapporto vale π ne consegue il C.V.D..

Tutto sembra plausibile, sennonché il punto P per Θ → 0 si raggiunge soltanto con un *passaggio al limite* e non certo con un numero finito di costruzioni geometriche con riga e con compasso. Resta comunque il fatto che tale dimostrazione è assai rigorosa e si avvicina alquanto alla risoluzione del problema della *quadratura del cerchio*.

Archimede (di Siracusa; 287 – 212 a.C.) fece avanzare la conoscenza di π in maniera notevole. Nel libro *Sulla misura del cerchio*, dopo aver stabilito che il rapporto tra la superficie di un cerchio e il quadrato del suo raggio è uguale al rapporto tra la circonferenza e il diametro, considera poligoni con 6, 12, 24, 48, 96 lati, e calcola accuratamente approssimazioni di π che lo conducono a valutarlo: 3 + 10/71 < π < 3 + 1/7 ossia 223/71 < π < 22/7 ottenendo 3,1408 < π < 3,1429. Egli considera un cerchio di raggio 1 che circoscrive e inscrive con poligoni di 3×2^n lati. Indicando con an il semiperimetro dei poligoni circoscritti e con bn quello dei poligoni inscritti, per n

= 1 si ha a1 = 2√3 e b1 = 3 (fig. 4b), per n = 2 si hanno i dodecagoni di fig. 4a.

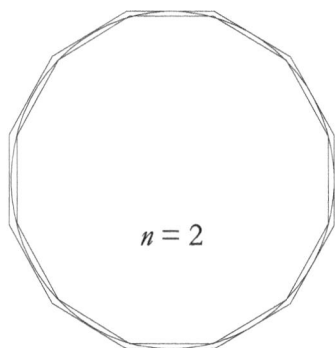

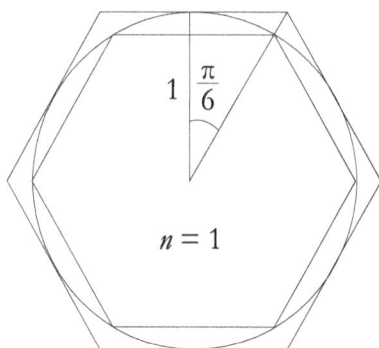

fig. 4a   *fig. 4b*

Utilizzando questo metodo approssimò π fino ad n = 5, cioè 96 lati dei poligoni inscritti e circoscritti.

Archimede mostrò anche che la spirale descritta da un punto in moto uniforme su di una retta ruotante anch'essa uniformemente (spirale di Archimede) (fig. 5), permette di quadrare il cerchio in modo del tutto simile alla *quadratrice di Ippia*.

fig. 5

Dopo Archimede π divenne il numero matematico *puro* e rappresentò una sfida per i matematici di due millenni. Tuttavia nulla di nuovo si ebbe dopo di lui, se non approssimazioni sempre più precise.

∗∗∗

Claudio Tolomeo (100 -170) nei suoi calcoli astronomici utilizza $\pi = 3 + 8/60 + 30/60^2 = 3 + 17/120 = 377/120 = 3,1416$.

Nel 1220 Leonardo Pisano detto Fibonacci calcola l'approssimazione di $\pi = 3,14818$.

Nel 1464 Nicolas de Cues (1401 – 1464) propose $\pi = 3/4(\sqrt{3} + \sqrt{6}) = 3,13615$

Nel 1573 Valenthus Otho (?) calcola $\pi = 355/113 = 3,141592$ (sei cifre decimali già conosciute in Cina nel V secolo).

Nel 1593 Adrien von Rooman (1561 – 1615) calcola 15 decimali di π utilizzando un poligono regolare di 2^{30} lati.

Nel 1596 Ludolph van Keulen (1539 – 1610(?)), utilizzando il metodo di Archimede, calcola 20 cifre decimali di π con poligoni di 60×2^{33} lati. Nel 1609 arriva a 35 cifre decimali. Egli le volle incise come epitaffio sulla sua tomba.

François Viète (1540 – 1603), usando considerazioni geometriche elementari su un poligono di 2^n lati, scrisse la prima formula infinita di $\pi = 2 \times (2/\sqrt{2}) \times (2/\sqrt{2\sqrt{2}}) \times \dots$

Nel 1621 Willebrord Snellius (1580 – 1626) utilizza le funzioni trigonometriche per il calcolo approssimato di π.

Renè Descartes (Cartesio) si occupò della *quadratura del cerchio* usando il metodo degli *isoperimetri* (v. App. vi/7).

Ma fu l'avvento dell'analisi matematica a dare l'impulso ai più significativi sviluppi alla conoscenza di π. In questo campo, tra i tanti, ricordiamo.

John Wallis (1616 – 1703), al quale viene attribuito l'uso del simbolo ∞ per indicare l'infinito e tanti altri simboli quali > e <.

William Broucher (1620 – 1684) fondatore della *Royal Society*.

James Gregory (1638 – 1675) inventore di un telescopio a specchio concavo.

Gottfried Wilhelm Leibniz (cit.), filosofo e matematico, migliorò la macchina calcolatrice di Pascal (*la pascalina*). Egli fu il primo a usare il concetto di *passaggio al limite*.

Isaac Newton (1642 – 1727) con Leibniz diede inizio al *calcolo differenziale*.

James Sterling (1692 – 1770) al quale si deve la formula che lega n!, e, π.

Eulero scoprì molteplici formule su π, tra le quali quella già vista nel Cap. iv:

$$\pi^2/6 = 1 + 1/4 + 1/9 + \ldots + 1/n^2 + \ldots$$

dalla quale si ha $\pi = \sqrt{6(1 + 1/4 + 1/9 + \ldots + 1/n^2 + \ldots)}$. All'aumentare di n essa offre approssimazioni di π sempre più precise. Per n = 1000 si ha π = 3,14063805. Con un metodo analogo Eulero trovò che:

$$\pi^2/8 = 1 + 1/3^2 + 1/5^2 + \ldots + 1/(2n+1)^2 + \ldots$$

la quale, per n = 100, dà π = 3,14159265.

Tra le tante formule moderne per il calcolo di π, menzioniamo quella del matematico indiano Srinivasa Ramanujan(1887 – 1920) (v. App. vi/8).

$$\pi = (102 - 2222/22^2)^\wedge 1/4 = 3{,}14159265358$$

Una formula strana, come tante altre da lui inventate senza darne alcuna dimostrazione.

Nel 1985 William Gosper, usando una formula di Ramanujan inserita in un computer, calcolò 17 milioni di decimali di π.

Con l'avvento dei computer la caccia ai decimali di π ottenne grandi successi. In pochi anni, inserendo algoritmi di calcolo sempre più sofisticati, si arrivò a calcolare un miliardo di decimali (1989), dieci miliardi di decimali (1997). Nel 2000 addirittura 200 miliardi di decimali. Chissà se la caccia ai decimali di π continuerà?

Appendici al Capitolo vi

Appendice vi/1

Supponiamo di avere due cerchi concentrici C1 e C2 nei quali siano inscritti due poligoni regolari dello stesso numero di lati. Per il teorema di Talete (*"In un fascio di rette parallele tagliate da due trasversali a segmenti uguali, o in una certa proporzione, dell'una, corrispondono segmenti uguali, o nella stessa proporzione, sull'altra"*, il rapporto dei loro lati, e quindi dei rispettivi perimetri, è uguale al rapporto dei raggi r1 e r2. Aumentando il numero dei lati il perimetro dei poligoni tende alle circonferenze dei cerchi, per cui r1/r2 = c1/c2, ossia c1/r1 = c2/r2 o anche c1/2r1 = c2/2r2, perciò π è costante.

Appendice vi/2

La dimostrazione di Lambert sull'irrazionalità di π fu resa possibile dai progressi dell'analisi matematica conseguiti tra il XVII e XVIII secolo. Essa può essere riassunta in tre passi:

1° Passo: Ogni numero che può scriversi sotto forma di frazione continua dove la successione di ai e bi verificano certe condizioni è irrazionale:

$$b_0 + \cfrac{\cfrac{a_1}{a_0}}{b_1 + \cfrac{a_2}{b_2 + \dots}}$$

2° Passo: Essendo

$$tg(x) = \cfrac{x}{1 - \cfrac{x^2}{3 - \cfrac{x^2}{5 - \cfrac{x^2}{\ldots}}}}$$

3° Passo: Se π è razionale, per x = $\pi/4$, da una certa posizione in avanti $x^2 = (\pi/4)^2$ è irrazionale, ma $tg(\pi/4) = 1$, quindi ciò è assurdo, perciò π è irrazionale. C.V.D.

È stata dimostrata l'irrazionalità di π^2, ma, non è stata ancora dimostrata l'irrazionalità di $e + \pi$, $e{\bullet}\pi$, e/π.

Appendice vi/3

Il valore $\pi = 3 + 1/8$ è stato ritrovato in una scrittura cuneiforme su una tavoletta di argilla risalente a circa 4000 a. C.. I babilonesi sapevano che il perimetro di un esagono regolare è tre volte il diametro del cerchio ad esso circoscritto. Ciò era assai facile da verificare. Infatti, bastava prendere in considerazione i sei triangoli equilateri che si ottenevano congiungendo i vertici dell'esagono con il centro del cerchio (v. fig.). Da tale considerazione ne ricavarono che $\pi = 3$. Inoltre, stimarono approssimativamente il rapporto tra la circonferenza del cerchio di raggio unitario e quello dell'esagono in esso inscritto in $57/60 + 36/60^2$, espressa nella numerazione sessagesimale. Da $2\pi/6 = 1/(57/60 + 36/60^2)$ ricavarono $\pi = 3/(57/60 + 36/60^2)$ e da qui, con pochi passaggi aritmetici, $\pi = 3 + 1/8$.

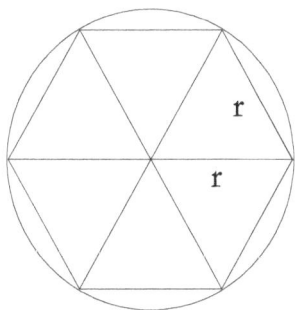

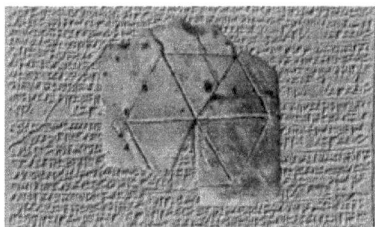

Appendice vi/4

Il valore $\pi = (16/9)^2$ è stato rinvenuto nel 1855 in un papiro lungo sei metri e largo trenta centimetri pieno zeppo di formule e di problemi matematici, detto di Rhind (dal nome dell'antiquario Henry Rhind che lo acquistò a Luxor in Egitto nel 1858), o anche di Ahmes (dal nome dello scriba che lo trascrisse intorno al 1650 a.C. copiandolo da un papiro più antico risalente al 2000 a. C.), attualmente conservato presso il British Museum di Londra.

Per calcolare l'area di un cerchio gli egizi usavano la dicitura: *sottrarre 1/9 del diametro al diametro stesso e moltiplicare il risultato per se stesso.* Tradotto in formula si ha: $(D - D/9)^2$. Siccome la formula esatta per calcolare l'area di un cerchio è $S = (D/2)^2 \cdot \pi$ c'è da credere che valutassero $\pi = (16/9)^2$, infatti, dalla formula dell'area del cerchio si ha $\pi = S/(D/2)^2$ e $(D - D/9)^2 = (8D/9)^2$, per cui $\pi = (8D/9)^2/(D/2)^2 = (16/9)^2$. Probabilmente risalirono a questo valore considerando un ottagono irregolare costruito in un quadrato di lato 9 unità (v. fig.). L'area dell'ottagono è ottenuta sommando le aree dei quadrati e dei semiquadrati di lato 3, e risulta 63. Mentre l'area del cerchio circoscritto all'ottagono è più grande e valutata 64 per compensarla.

L'area esatta del cerchio è $(9/2)^2 \cdot \pi$, la quale posta uguale a 64 dà l'uguaglianza $(9/2)^2 \cdot \pi = 64$, da cui $\pi = (16/9)^2$.

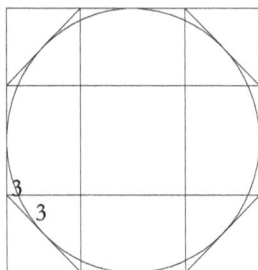

Appendice vi/5

È con l'ausilio dell'analisi matematica che è stata dimostrata la *trascendenza* di π e di altri numeri irrazionali. Il francese Charles Hermite (1822 – 1901), nel 1873, dimostrò la trascendenza del numero *e*. Tentò senza riuscirvi di dimostrare la trascendenza di π. Il suo lavoro fu ripreso da Ferdinand von Lindemann il quale la dimostrò nel 1882. Tali dimostrazioni sono alquanto complicate e necessitano di approfondite conoscenze dell'analisi matematica.

Appendice vi/6

In fig. a), b), c), tre *lunule* di Ippocrate.

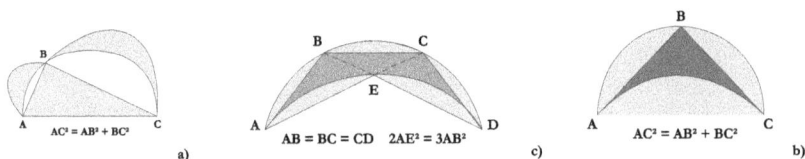

AC² = AB² + BC²

a)

AB = BC = CD   2AE² = 3AB²

c)

AC² = AB² + BC²

b)

Appendice vi/7

La soluzione data da Cartesio al problema della *quadratura del cerchio* prevede π come limite di una costruzione infinita e quindi non rispetta le regole imposte. Essa consiste nel fissare un perimetro e costruire poligoni successivi P0, P1, ... Pn che abbiano lo stesso perimetro p e un numero di lati sempre più grande. Questo metodo è chiamato degli *isoperimetri*, e, al limite, il raggio del cerchio circoscritto ai poligoni sta in rapporto 2π con il perimetro fissato in partenza.

In figura è illustrato il passaggio dal quadrato di lato A0B0 all'ottagono di lato A1B1. Si indichi con A0B0 il lato del quadrato e con O il centro del cerchio ad esso circoscritto. Sia H0 il punto medio di A0B0, ed E il punto medio dell'arco A0B0; A1 il punto medio della corda A0E e B1 quello della corda B0E, allora A1B1 è il lato dell'ottagono e vale A0B0/2.

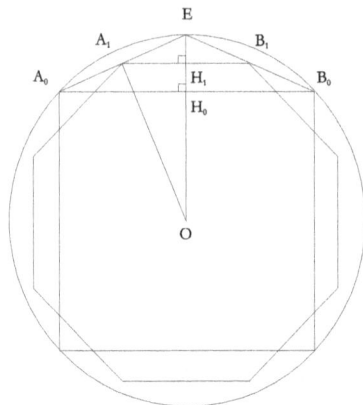

Iterando il procedimento i poligoni successivi hanno tutti lo stesso perimetro, mentre i raggi dei cerchi a loro circoscritti diminuiscono. Supposto di partire da un esagono di lato 1, $p = 6$, il raggio converge a $3/\pi$.

Appendice vi/8

Srinivasa Ramanujan nacque nel 1887 a Madras in India da una povera famiglia. Fin da piccolo evidenziò una spiccata predisposizione per il calcolo matematico. Tentò senza successo di diplomarsi al locale liceo. Dopo essere stato bocciato agli esami finali per ben tre volte, riuscì a diplomarsi come privatista qualche anno più tardi. Nel 1920 iniziò una corrispondenza con il matematico inglese G. H. Hardy, il quale, incuriosito dalle sue strane formule, lo invitò a trasferirsi in Inghilterra. La loro collaborazione portò a importanti scoperte sui numeri primi e notevoli contributi alla *ipotesi di Riemann*.

Ramanujan inventò migliaia di formule in tutti i campi della matematica senza darne dimostrazioni. Eppure, la gran parte di esse furono successivamente dimostrate esatte da insigni matematici. La sua *funzione* τ fu inserita da David Hilbert tra i 23 problemi matematici del XX secolo, ma non è stata ancora dimostrata. Egli è stato un matematico anomalo. Dotato di grande intuizione non amava le dimostrazioni. A suo dire le formule gli venivano suggerite nel sonno, o quand'era completamente concentrato in una sorta di stato onirico trascendentale, dalla Dea indiana Namagiri, consorte di Narasimha (il Dio Leone), quarta reincarnazione di Shri Visnu.

Ramanujan morì a 33 anni, nel 1920, di tubercolosi.

vii. La costante *e*

Il numero *e* è una costante. Assieme a pi-greco è uno dei numeri irrazionali più importanti per le sue numerose applicazioni nell'analisi matematica, in trigonometria, nella fisica, nella matematica finanziaria e in altri ambiti scientifici. Il suo valore approssimato a venti cifre decimali è:

$$e = 2,71828182845904523536 \ldots$$

Con l'uso dei calcolatori è stato approssimato fino a milioni di cifre dopo la virgola.

Esso è detto numero di Eulero, o numero di Nepero. Eulero dimostrò l'irrazionalità della costante *e*, e se ne occupò in tanti suoi trattati. Nepero, invece, la usò come base dei logaritmi naturali (v. App. vii/1). La costante *e* è strettamente collegata alla funzione esponenziale y = e^x, e potrebbe essere definita come il valore che tale funzione assume per x = 1 (v. App. vii/2). Ma, generalmente, è definita da:

$$e = \lim_{n \to \infty} (1 + 1/n)^n$$

attribuita a Jakob Bernoulli (noto come Jacques Bernoulli o Giacomo Bernoulli; Basilea 1654 – 1705) (v. App. vii/4), (v. App. vii/5).

Oppure:

$$e = \sum_{n=0}^{\infty} 1/n! = 1/0! + 1/1! + 1/2! + 1/3! + \ldots 1/n! + \ldots$$

attribuita a Leonhard Euler (Eulero), nella quale con n! si indica il *fattoriale* del numero n (v. App. vii/3). Fu proprio quest'ultima definizione che Eulero usò per dimostrare l'irrazionalità del numero *e*. La dimostrazione risale al 1744 e fa uso, come per π, del procedimento per assurdo.

Posto per convenzione 0! = 1, si ha:

$$e = 1 + 1/1! + 1/2! + 1/3! + \ldots + 1/n! + \ldots$$

Se *e* fosse razionale, allora *e* = p/q (con q>1). Moltiplicando i due membri dell'uguaglianza per q! si ha:

$$(1)\ q!\cdot e = q! + q!/1! + q!/2! + q!/3! + \ldots + q!/n! + \ldots$$

ma

$$q!\cdot e = p/q\cdot[q\cdot(q-1)\cdot(q-2)\cdot \ldots \cdot 3\cdot2\cdot1] =$$
$$p\cdot[(q-1)\cdot(q-2)\cdot \ldots \cdot 3\cdot2\cdot1]$$

quindi è un numero intero.

I termini del secondo membro della (1), fino a q!/q!, sono anch'essi interi, in quanto il rapporto tra fattoriali q!/m! si semplifica se q≥m. Siccome:

$$(2)\ q!\cdot e - (q! + q!/1! + q!/2! + q!/3! \ldots + q!/q!) = q!/(q+1)! + q!/(q+2)! + \ldots$$

il secondo membro della (2) dovrebbe essere anch'esso intero, ma (essendo q>1):

$$q!/(q+1)! = q!/(q+1)\cdot q! = 1/(q+1) < 1/2$$

$$q!/(q+2)! = q!/(q+2)\cdot(q+1)\cdot q! = 1/(q+1)\cdot(q+2) < 1/4$$

Analogamente $1/(q+1)\cdot(q+2)\cdot(q+3) < 1/8$

E così via.

Risulta: $1/2 + 1/4 + 1/8 + \ldots < 1$ e quindi non può essere intero, contro il supposto. Perciò *e* è irrazionale. C.V.D.

Si dimostra che il numero *e* è trascendente, cioè non è soluzione di nessuna equazione a coefficienti razionali.

***

Il primo riferimento alla costante *e* risale al 1618 nelle tavole dei logaritmi di John Napier (Nepero). La prima espressione di *e*, come prima detto, fu trovata da Jakob Bernoulli. Eulero usò la costante *e* per la prima volta nel 1727, e poi nel 1736 nel suo trattato *Mechanica*.

Alcuni studiosi sostengono che tale costante era già conosciuta dagli egizi. A quanto pare la usarono nella costruzione della Grande Piramide di Giza. Da studi fatti sembrerebbe che molte grandezze (aree e lunghezze) di questo monumento abbiano come rapporto, oltre al numero π (v. App. vii/6) e la sezione aurea (v. Cap. viii), anche la costante e, alla quale i greci attribuivano il valore 2,72 e la indicavano con la lettera ε, chiamandola *costante armonica*.

Nel 1700, per rappresentare la costante, fu usata la lettera *e*, probabilmente perché la prima lettera della parola *esponenziale*.

Appendici al Capitolo vii

Appendice vii/1

Poiché nei logaritmi la base e e la base 10 sono le più usate, è interessante determinare un coefficiente fisso c che leghi questi due sistemi. Tenendo presente la formula che consente di passare da una base all'altra:

$$\log_\beta (N) = \frac{\log_\alpha (N)}{\log_\beta (a)}$$

ponendo $\alpha = e$, $\beta = 10$ risulta:

$$\ln (N) = \log(N)/\log(e)$$

siccome

$$\log(e) = \sim 0{,}43429448 \dots \text{ è } 1/\log(e) \cong 2{,}302585093\dots = c$$

e quindi

$$\ln(N) = c \cdot \log(N).$$

Appendice vii/2

$y = e^{\wedge}x$ è una funzione definita in R, continua, monotona crescente. Il grafico è quello in figura.

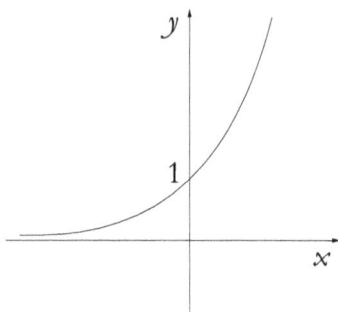

Appendice vii/3

Il *fattoriale* di un numero n, che si indica con n!, è il prodotto di tutti i numeri consecutivi decrescenti a partire da n fino a uno. Cioè: n! $= n \cdot (n - 1) \cdot (n - 2) \cdot \ldots \cdot 3 \cdot 2 \cdot 1$. Riallacciandosi al Cap. iv, nel quale si è trattato dei numeri primi, è interessante la seguente considerazione. Paul Erdòs (Budapest, 1913 – Varsavia 1996), una delle menti matematiche più eccelse del XX sec., fu affascinato quando suo padre, anch'egli matematico, gli spiegò il metodo con il quale Euclide dimostrò l'esistenza di infiniti numeri primi, e, ancor più, quando usò lo stesso ragionamento per dimostrare che è possibile trovare sequenze di numeri consecutivi di lunghezza arbitraria in cui non ci sono numeri primi. Se volessimo costruire una sequenza di 100 numeri consecutivi nella quale non vi sia alcun numero primo, basta prendere i numeri interi tra 1 e 101 e moltiplicarli tra di loro. Cioè calcolare 101!.Esso infatti sarà certamente divisibile per tutti i numeri compresi tra 1 e 101. Ma se n è uno qualsiasi di questi numeri, allora anche 101! + n è divisibile per n, dato che 101! e n sono entrambi divisibili per n. Infatti: 101! + n = 101·100·99·…·n·…·3·2·1 + n = n·(101·100·99· …. ·3·2·1 +1). Perciò, dato che 101! contiene 102 fattori a partire da 101 fino a 1, tutti i numeri 101! + 2, 101! + 3, … 101! + 101, non sono numeri primi. In questo modo abbiamo costruito una stringa di 100 numeri consecutivi che non sono primi. Per esempio, se vogliamo una sequenza di 5 numeri non primi, sarà sufficiente calcolare 6! = 6·5·4·3·2·1 = 720, allora 722, 723, 724, 725, 726, non sono primi.

Appendice vii/4

Jakob Bernoulli

Jakob Bernoulli, dopo aver iniziato gli studi in medicina consigliati da suo padre, si dedicò alla matematica e alla fisica a partire dal 1676. Rettore dell'Università di Basilea dal 1682, insegnò calcolo infinitesimale. Notevoli i suoi contributi in questa disciplina. I suoi primi scritti sulle curve trascendentali risalgono al 1696. La sua opera principale, pubblicata postuma nel 1713, riguarda la teoria delle probabilità e ha per titolo: *Ars Conjectandi*. Molti termini in essa contenuti sono stati successivamente riformulati in suo onore: *campionamento bernoulliano, variabile casuale bernoulliana, numeri di Bernoulli, teorema di Bernoulli*.

Oltre a Jakob, nella famiglia Bernoulli ci sono stati altri celebri matematici. Il fratello Johann (Johann Bernoulli; Basilea 1667 – 1748), il figlio di questo, Daniel (Daniel Bernoulli; Groningen 1700 – Basel 1782), e altri. Tra il '600 e l'800, nella famiglia Bernoulli, ci sono stati ben dodici grandi matematici. A questa famiglia è stato dedicato l'asteroide n° 2034, nella fascia principale, scoperto nel 1973: l'*asteroide 2034 Bernoulli*.

De L'Hopital (Guillaume François Antoine de Sainte Mesme, marchese de l'Hôpital, o de l'Hospital; Parigi 1661 – 1704), pubblicò nel 1696 il primo testo di calcolo differenziale: L'*Analyse des infiniment petits pour l'intelligence des lignes courbes*; un libro la cui influenza dominò tutto il secolo XVIII. Nell'introduzione al libro de L'Hôpital riconosceva di aver attinto dalle idee dei fratelli Bernoulli, in particolare a un teorema molto importante dimostrato da Johann nel 1694, che conduce a quella che è nota come la regola di de L'Hôpital: "*Il limite del rapporto di due funzioni entrambe infinitesime o infinitamente grandi, per uno stesso valore della variabile, è uguale al limite del rapporto delle derivate delle funzioni per il medesimo valore della variabile, nell'ipotesi che quest'ultimo esista*". Dopo la morte del marchese di de L'Hôpital, avvenuta nel 1704, Johann Bernoulli accusò L'Hôpital di plagio. Il fatto è che egli, così come Jakob, non pubblicò mai manuali sul calcolo differenziale. Soltanto nel 1950, quando venne divulgata la corrispondenza fra i fratelli Bernoulli e de L'Hôpital, si ebbe la conferma che gran parte del lavoro di de L'Hôpital era dovuto ai risultati da loro raggiunti.

Appendice vii/5

La lemniscata di Bernoulli (lemniscata, dal latino *lemniscus*: nastro pendente), è una curva algebrica quartica razionale, espressa dall'equazione di quarto grado:

$(x^2 + y^2)^2 = a^2 \cdot (x^2 - y^2)$

Sostituendo in essa le coordinate polari: $x = \varrho \cdot \cos\theta$, $y = \varrho \cdot \mathrm{sen}\theta$, si ottiene l'equazione polare:

$\varrho^2 = a^2 \cdot \cos 2\theta$

Il grafico di questa curva è rappresentato in fig.1.

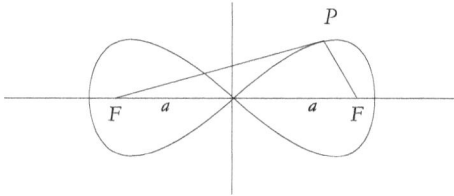

fig. 1

Essa è il luogo dei punti del piano il cui prodotto da due punti fissi detti fuochi è costante. Cioè:

$$d(P,F) \cdot d(P,F') = a^2$$

nella quale *a* è la distanza di un fuoco dall'origine, o, come dire, la semidistanza focale.

La *lemniscata* è una variante dell'ellisse, la quale è definita come il luogo dei punti del piano la cui somma delle distanze da due punti fissi detti fuochi è costante. Essa prende nome da Jakob Bernoulli il quale la descrisse nel 1694. C'è da dire, però, che essa fu studiata dal matematico e astronomo italiano Giovanni Cassini (Perinaldo (Imperia) 1625 – Parigi 1712). Infatti la *lemniscata* è un caso particolare degli *ovali di Cassini*, studiati nella sua ricerca della traiettoria della Terra intorno al Sole (fig. 2).

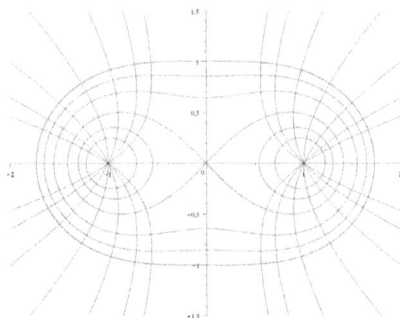

fig. 2

La *lemniscata* può anche essere intesa come la *cissoide di Diocle* di due circonferenze (fig. 3).

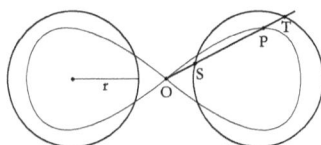

fig. 3

Infatti, date due circonferenze di raggio r, sia O il punto medio del segmento congiungente i due centri tale che d(C,O) > d(C,C')/2. Tracciata una retta passante per O a una delle due circonferenze, siano S e T le due intersezioni con essa. Il luogo dei punti P tali che d(O,P) = d(S,T) dà un ramo della *lemniscata*. L'altro si ottiene intersecando la retta con la seconda circonferenza. Ricordiamo che l'equazione canonica della *cissoide* è: $y^2 = x^3 / (2a - x)$, nella quale a è il raggio della circonferenza.

La lunghezza della *lemniscata di Bernoulli* tra i punti +1 e -1 è approssimativamente 2,622. Questa lunghezza è stata scoperta da C. F. Gauss e indicata da lui con ω. Risulta:

$$\pi/\omega = (1 + \sqrt{2})/2$$

Tale identità ha portato a notevoli avanzamenti nel calcolo della lunghezza degli archi di un'ellisse con l'uso degli integrali ellittici.

Appendice vii/6

A quanto scritto da Erodoto (di Alicarnasso; 484 – 425 a.C. (?)), pare che la Grande Piramide di Giza fu costruita in modo tale che l'area di una faccia laterale fosse uguale all'area di un quadrato di lato uguale all'altezza della piramide. Dimostriamo che, effettivamente, un piramide costruita in questo modo contiene un'approssimazione di π, allorquando si consideri il rapporto tra il semiperimetro di base e l'altezza della piramide.

Con riferimento alla figura, siano: VH = h, AH = l/2, AV = a.

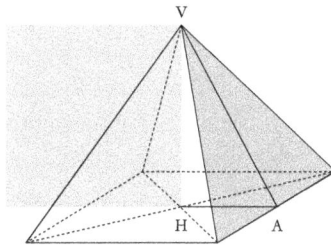

Il problema può essere risolto con un sistema di due equazioni e tre incognite. La prima si ottiene dalle indicazioni di Erodoto, e la seconda applicando il teorema di Pitagora al triangolo VHA. Ciò detto si ha:

1) $l/2 \cdot a = h^2$

2) $h^2 + l^2/4 = a^2$

Sostituendo la 1) alla 2) si ottiene l'equazione di $2°$ grado:

$$4a^2 - 2la - l^2 = 0$$

che ammette come unica soluzione accettabile $a = 1/4 \cdot (1 + \sqrt{5})$. Da ciò: $h^2 = l^2/8 \cdot (1 + \sqrt{5})$, da cui si ricava:

$$1/h = 2 \cdot \sqrt{2}/(1 + \sqrt{5})$$

quindi si conclude:

semiperimetro/altezza $= 2l/h = 4 \cdot \sqrt{2}/(1 + \sqrt{5}) =$ circa π

viii. La sezione aurea

La sezione aurea di un segmento è la parte del segmento media proporzionale fra l'intero segmento e la parte rimanente.

Con riferimento alla fig. 1 si ha:

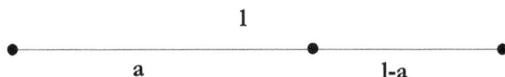

fig. 1

$$l: a = a: l - a$$

per la proprietà fondamentale delle proporzioni (v. App. viii/1) risulta:

$$a^2 = l \cdot (l - a)$$

da cui:

$$a^2 + l \cdot a - l^2 = 0$$

Risolvendo si ottiene la soluzione accettabile (positiva): $a = ((\sqrt{5} - 1)/2) \cdot l$.

Posto $l = 1 \rightarrow a = 0,61803398875\ldots$ valore irrazionale. E dall'equazione generatrice risulta:

$$a^2 = 1 - a; a = 1 - a^2.$$

Prima di addentrarci nei segreti della *sezione aurea*, dimostriamo un teorema che si rivelerà utile per meglio comprenderli.

Teorema: "*Se a è la sezione aurea di l, allora l è la sezione aurea di l + a*".

Dimostrazione.

Dalla definizione di *sezione aurea* si ha:

$$l + a: l = l: l + a - l$$

cioè:

$$l + a: l = l: a$$

da cui l'equazione di 2° grado: $l^2 = (l + a) \cdot a \rightarrow l^2 - a \cdot l - a^2 = 0$

risolvendola si ottiene la soluzione accettabile (positiva): $l = ((\sqrt{5} + 1)/2) \cdot a$, sostituendo si ha

$$l = ((\sqrt{5} + 1)/2) \cdot ((\sqrt{5} - 1)/2) \cdot l$$

cioè: $1 = 1 \rightarrow$ C.V.D.

Iterando il teorema si ottiene la seguente successione algebrica:

$l + 0a \rightarrow a$

$l + 1a \rightarrow l$

$2l + 1a \rightarrow l + a$

$3l + 2a \rightarrow 2l + 1a$

$5l + 3a \rightarrow 3l + 2a$

$8l + 5a \rightarrow 5 + 3a$

$13l + 8a \rightarrow 8l + 5a$

………………………..

Se consideriamo i coefficienti della *sezione aurea* si ha la sequenza numerica:

$\{0, 1, 1, 2, 3, 5, 8, 13, \ldots\}$

cioè la successione di Leonardo Pisano detto Fibonacci.

È probabile che il matematico italiano sia giunto alla successione suddetta proprio dallo studio della sezione aurea e applicando ad essa il teorema prima dimostrato. Anzi, è da presumere che fu egli stesso a enunciarlo e a dimostrarlo. Giovanni Keplero (Johannes Keplero; Weil der Stadt 1571 – Ratisbona 1630), nei suoi studi astronomici, notò che il rapporto tra due numeri consecutivi della successione di Fibonacci si approssima al *rapporto aureo* (v. App. viii/2) (molti testi di matematica usano la lettera greca φ per indicare la *sezione aurea* e Φ per indicare il *rapporto aureo*, qui, per tali grandezze, si è preferito usare a e A).

$$A = l/a = l/((\sqrt{5} - 1)/2) \cdot l = 1/(\sqrt{5} - 1)/2 = 2/(\sqrt{5} - 1) = (\sqrt{5} + 1)/2 = 1{,}61803398875\ldots$$

Da questo risultato si nota una prima importante proprietà della *sezione aurea* cioè che a e $A = 1/a$ hanno la stessa parte decimale.

Dalla relazione $l + 1a \rightarrow l$ si ottiene una seconda importante proprietà del *rapporto aureo*.

Infatti da essa si ricava l'equazione $l^2 - a \cdot l - a^2 = 0$, dividendo per a^2, si ottiene:

$$A^2 - A = 1$$

Che può essere scritta:

$$A^2 = A + 1$$

O anche:

$$A^2 - 1 = A$$

Da questa proprietà se ne ricavano altre con semplici passaggi algebrici. Facciamo un esempio:

$$A^3 - A = A \cdot (A^2 - 1) = A \cdot A = A^2$$

ossia:

$$A^3 = A^2 + A = (A + 1) + A = 2A + 1$$

$$A^3 - A^2 = A^2 \cdot (A - 1) = (A + 1) \cdot (A - 1) = A^2 - 1 = A$$

quindi ancora:

$$A^3 = A^2 + A = 2A + 1$$

Di seguito alcune proprietà le cui dimostrazioni sono simili a quelle sopra svolte.

$$A^4 = A^3 + A^2 = (2A + 1) + (A + 1) = 3A + 2$$

$$A^5 = A^4 + A^3 = (3A + 2) + (2A + 1) = 5A + 3$$

$$\ldots\ldots\ldots\ldots\ldots$$

$$A^{(n+1)} = A^n + A^{(n-1)}$$

$$\ldots\ldots\ldots\ldots\ldots\ldots\ldots\ldots$$

La serie:

$$\sum_{n=0}^{+\infty} a^n = 1 + a + a^2 + a^3 + \ldots + a^n + \ldots$$

essendo geometrica (v. App. viii/3) di ragione $q = a$ avrà per somma $S(a) = 1/(1 - a) = 1/a^2 = A^2 = A + 1$. Si ritrovano dunque le relazioni che legano a e A.

***

L'irrazionalità della *sezione aurea* e del *rapporto aureo* sono direttamente dimostrati dalle loro formule generatrici:

$$a = (\sqrt{5} - 1)/2$$

$$A = (1 + \sqrt{5})/2$$

La loro parte decimale è generata da $\sqrt{5}$ che è un numero irrazionale. Non sono però numeri trascendenti, perché sono soluzioni di equazioni algebriche razionali.

***

Una semplice costruzione geometrica della *sezione aurea* di un segmento è rappresentata in fig. 2.

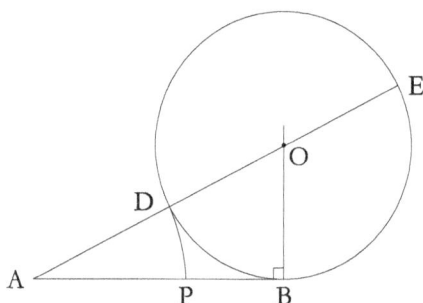

fig. 2

Dato un segmento AB, si conduca dall'estremo B la semiretta ad esso perpendicolare, e su di esso si prenda un punto O tale che OB = AB/2. Si tracci la circonferenza di centro O e raggio OB. Essa risulta tangente ad AB, e interseca in D e in E la semiretta AO. Si riporti su AB il segmento AP = AD. Tale segmento è la parte aurea di AB. Infatti, applicando il *teorema della tangente* (v. App. viii/4) si ha:

$$AE:AB = AB:AD$$

Per costruzione AD = AP e DE = AB perciò AE = AD + DE = AP + AB e quindi la proporzione di cui prima diventa:

$$(AP + AB):AB = AB:AP$$

Per la proprietà dello scomporre

$$(AP + AB - AB):AB = (AB - AP):AP$$

Cioè

$$AP:AB = PB:AP$$

E, per la proprietà dell'invertire,

$$AB:AP = AP:PB$$

$$\downarrow$$

C.V.D.

Da quest'ultima proporzione si deduce: $AP^2 = AB \cdot PB$. Ossia: *il quadrato costruito sulla sezione aurea è equivalente al rettangolo che ha per lati l'intero segmento è la parte restante* (fig. 3).

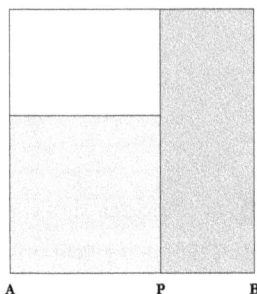

fig. 3

Dall'uguaglianza delle aree si ricava l'equazione generatrice della *sezione aurea*.

Tale procedimento può essere iterato (V. App. viii/5).

Teorema: *Se in un triangolo isoscele l'angolo al vertice è la quinta parte di un angolo piatto la base è la sezione aurea del lato.*

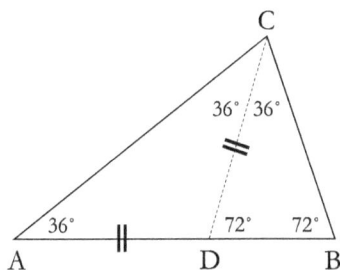

fig. 4

Con riferimento alla fig. 4 si ha ^A = 36°, quindi ^B = ^C = 72°. Condotta la bisettrice CD dell'angolo C, i due triangoli ABC e CBD sono simili perché hanno l'angolo in B in comune e ^A = B^CD = 36°, ne consegue: AB:BC = BC:DB, ma i due triangoli CBD e ADC sono isosceli rispettivamente sulle basi BD e AC, pertanto BC = CD, CD = AD → BC = AD, quindi la proporzione può essere scritta: AB:AD = AD:BD → C.V.D.

Un corollario immediato del teorema di cui sopra è: "*Il lato del decagono inscritto in una circonferenza è la sezione aurea del raggio*".

Dal decagono, congiungendo alternativamente i vertici, si ottiene il pentagono le cui diagonali si dividono tutte secondo la proporzione aurea (v. App. viii/6).

***

Particolare interesse ha il cosiddetto *rettangolo aureo*, quello in cui l'altezza è la parte aurea della base. Quindi se b è la base e h l'altezza, risulta b/h = A = 1,618…

La costruzione del rettangolo aureo, con il solo ausilio della riga e del compasso, è descritta da Euclide nella proposizione 11 del II libro degli *Elementi*: "*Si prenda un quadrato, si divida in due parti perfettamente uguali nel senso dell'altezza, si prenda la diagonale del rettangolo così ricavato e si ribalti sul prolungamento della base del quadrato. Il rapporto fra la dimensione ottenuta e il lato del quadrato è 1,62*" (fig. 5). Euclide non fa riferimento né al rapporto aureo, né al rettangolo aureo. Gli antichi greci non usavano tali termini, ma, il rapporto aureo era conosciuto dai pitagorici, e ad esso attribuivano il valore 1,62.

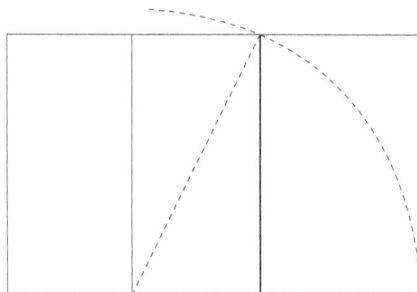

fig. 5

È facile dimostrare che Euclide aveva ragione. Infatti, se 1 è il lato del quadrato, applicando il teorema di Pitagora, il raggio del cerchio risulta $\sqrt{(1^2 + (1/2)^2)} = \sqrt{5}/2$. Quindi la base del rettangolo è $\sqrt{5}/2 + 1/2 = (\sqrt{5} + 1)/2 = A$.

Dalla costruzione risulta che l'area di un tale rettangolo è $1 \cdot A = A$, mentre l'area del quadrato è 1. Pertanto il rapporto fra l'area del rettangolo e quella quadrato è A. Il rapporto inverso, invece, è $1/A = a = A - 1$. Se sul rettangolo che ha per base $A - 1$ si procede come prima si ottiene un *rettangolo aureo* che avrà un'area il cui rapporto con l'area del relativo quadrato è A^2. Tale procedimento si può iterare. Perciò A^{2n} è il rapporto tra le aree di un rettangolo generico e del quadrato che lo genera. Si ottiene la serie geometrica di ragione $q = 1/A^2$:

$$1 + 1/A^2 + \ldots + 1/A^{2n} + \ldots$$

La cui somma è: $S = 1/(1 - 1/A^2) = A^2/(A^2 - 1) = A^2/A = A$.

Il risultato va interpretato come rapporto tra l'area totale e quella del quadrato di lato 1. Ciò ci riconduce alla notazione iniziale.

Per il perimetro di un *rettangolo aureo* si ha che vale: $2 + 2A = 2(1 + A) = 2A^2$, mentre il perimetro del rettangolo interno è $2 + 2(A - 1)$ $= 2 + 2/A = (2A + 2)/A = 2(A + 1)/A = 2A^2/A = 2A$. Il rapporto fra i perimetri di due rettangoli consecutivi è: $2A^2/2A = A$.

La serie numerica che si ottiene dall'iterazione del procedimento è di ragione $q = 1/A$.

$1 + 1/A + \dots + 1/A^n + \dots$

La cui somma è: $S = 1/(1 - 1/A) = A/(A - 1) = A/(1/A) = A^2$.

Un modo alternativo per costruire un *rettangolo aureo* è quello di usare, accostandoli, quadrati che abbiano i lati uguali ai numeri di Fibonacci (fig. 6).

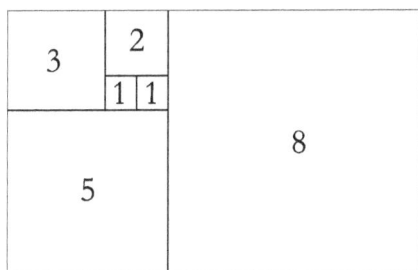

fig. 6

Tale costruzione, però, è approssimata e non potrà mai diventare esatta. Essendo i valori interi il loro rapporto è anch'esso intero, mentre il *rapporto aureo* è fra due grandezze incommensurabili. Anche le spirali costruite con tali procedimenti non si sovrappongono perfettamente (fig. 7). Esse si avvitano verso l'incrocio delle diagonali dei *rettangoli aurei*. Tale punto di convergenza è stato definito da Clifford A. Pickover (n. 1957) l'occhio di Dio.

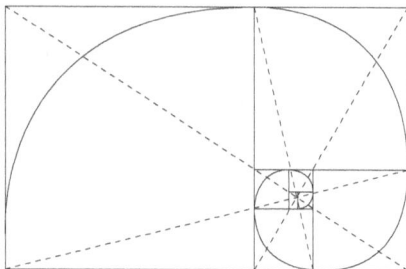

fig. 7

In geometria solida la *sezione aurea* si ritrova in due *solidi platonici* (v. App. viii/7). Esattamente nel *dodecaedro*, formato da 12 pentagoni; e nell'*icosaedro*, formato da 20 triangoli equilateri. I *rettangoli aurei* si ottengono unendo opportunamente i vertici di tali solidi.

***

La denominazione *sezione aurea* fu usata, probabilmente, per la prima volta nel 1835 dal matematico tedesco Martin Ohm (Erlangen 1792 – Berlino 1872), nel libro *Die Reine Elementar Mathematik*, per rendere omaggio al carattere estetico attribuito a questo particolare modo di dividere un segmento. Euclide, nel VI libro degli *Elementi*, la chiama "*divisione del segmento in estrema e media ragione*". Prima di lui era già conosciuta dai pitagorici, i quali poco se ne occuparono per il suo essere numero irrazionale. Il rapporto aureo fu usato nella costruzione del Partenone dal famoso architetto greco Fidia, forse per questo alcuni storici riferiscono che nell'antica Grecia fosse chiamata *sezione di Fidia* (v. App. viii/8). Dopo un lungo periodo di oblio la *sezione aurea* fu riscoperta da Leonardo Pisano (Fibonacci). Durante il Rinascimento il matematico italiano Luca Pacioli (Borgo Sansepolcro (Arezzo) 1445 (?) – Roma 1517) nel suo libro *Summa de Arithmetica, Geometria, Proportioni e Proportionalità* (1496) la chiamò *divina proportione*. Più tardi Keplero la definì *sectio divina*. Essa fu esaltata dall'architetto Le Corbusier (Charles-Edouard Jeanneret-Gris, noto come Le Corbusier; La Chaux-de-Fonds 1887 – Roquebrune-Cap-Martin 1965), il quale, alla ricerca di una *"misura armonica universale"*, valutò che l'ombelico divide in *sezione aurea* la figura umana ideale; le parti generate dall'ombelico, a loro volta, sono divise in *sezione aurea* dalle ginocchia e dalla base del collo. Egli riscontrò la conformità della proporzione aurea nelle singole parti e nell'insieme in tante opere d'arte e nelle costruzioni più belle di tutti i tempi.

Appendici al Capitolo viii

Appendice viii/1

Una proporzione è l'uguaglianza fra due rapporti $a/b = c/d$ che può essere scritto $a\!:\!b = c\!:\!d$. Così quattro grandezze sono in proporzione se $a\!:\!b = c\!:\!d$. In questa scrittura a, c sono chiamati antecedenti, b, d conseguenti, a e d estremi, b e c medi. Se b = c allora la grandezza b è media proporzionale tra a e d e b si chiama medio proporzionale.

La proprietà fondamentale di una proporzione, conseguenza immediata della sua definizione, è: $a \cdot d = b \cdot c$ che può essere enunciata: il prodotto dei medi (o degli estremi) è uguale al prodotto degli estremi (o dei medi).

Dalla proprietà fondamentale si deducono le seguenti proprietà:

- Permutare: $d\!:\!c = b\!:\!a$ (scambio dei medi e degli estremi).

- Invertire: $b\!:\!a = d\!:\!c$ (scambio degli antecedenti con i conseguenti).

- Comporre: $(a + b)\!:\!a = (c + d)\!:\!c \quad (a + b)\!:\!b = (c + d)\!:\!d$

- Scomporre: $(a - b)\!:\!a = (c - d)\!:\!c \quad (a - b)\!:\!b = (c - d)\!:\!d$

- Unicità del quarto proporzionale: date tre grandezze, ne esiste solo una quarta tale che $a\!:\!b = c\!:\!x$ con $x = b \cdot c/a$. Infatti, supposto ne esista un'altra tale che: $a\!:\!b = c\!:\!y$ si ha: $y = b \cdot c/a$ da cui: x = y C.V.D.

Abbiamo visto che il rapporto tra due numeri consecutivi della sequenza di Fibonacci approssima sempre meglio il *rapporto aureo* al crescere di n. Indicato con F(n) il generico termine della successione, per far vedere ciò basta calcolare il

$$\lim_{n \to \infty} F(n + 1)/F(n)$$

Essendo F(n +1) = F(n) + F(n -1) si ha F(n +1)/ F(n) = (F(n) + F(n -1))/ F(n) = 1 + F(n -1)/ F(n), posto (F(n) + F(n -1))/ F(n) = x risulta 1 + F(n -1)/ F(n) = 1 + 1/x, quindi: x = 1 +1/x dalla quale si risale all'equazione risolutiva con x = A → C.V.D.

***

Un generico numero della successione di Fibonacci può essere scritto:

$$F(n) = \frac{A^n - (1 - A)^n}{\sqrt{5}}$$

Essendo (1 – A) < 1 all'aumentare di n, $(1- A)^n$ risulta trascurabile, pertanto:

$$F(n) = \sim A^n/\sqrt{5}$$

Appendice viii/3

La progressione geometrica è una successione numerica nella quale il quoziente fra un termine qualunque e il precedente è uguale alla ragione q.

$$\{q^n\} = 1;\ q;\ q^2;\ q^3;\ldots;\ q^n;\ \ldots$$

Risulta:

$$Sn = (q^n - 1)/(q - 1)$$

Pertanto nella serie numerica:

$$\sum_{n=0}^{\infty} a^n = 1 + q + q^2 + q^3 + \ldots + q^n + \ldots$$

si ha

$$S(q) = \lim_{n \to \infty} (q^n - 1)/(q - 1) = 1/(1 - q)$$

se 0<q< 1, se q≥1 la serie è divergente.

Appendice viii/4

Teorema della tangente

Se da un punto esterno a una circonferenza si conducono una tangente e una secante, il segmento di tangenza è medio proporzionale fra l'intera secante e la sua parte esterna.

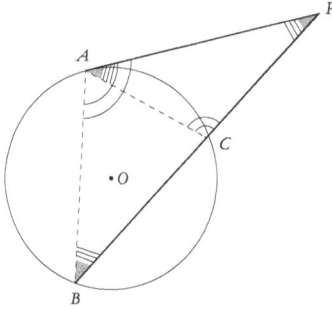

Con riferimento alla figura, sia PA il segmento di tangenza, PB l'intera secante e PC la sua parte esterna. Congiunto A con C, i triangoli APB e ACP risultano simili per il 1° criterio di similitudine, avendo l'angolo in P in comune e $A\hat{B}P = C\hat{A}P$ perché angoli alla circonferenza che insistono sullo stesso arco. Pertanto: PB:AP = AP:PC→ C.V.D.

Appendice viii/5

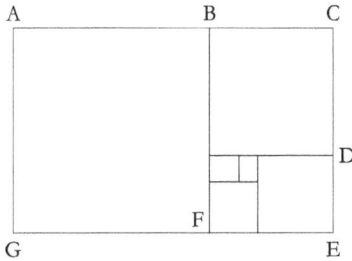

AC:AB = AB:BC

CE:CD = CD:DE

. . . .

141

Appendice viii/6

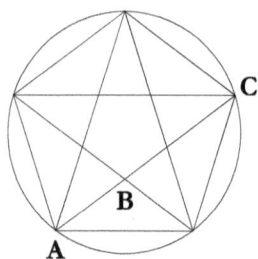

AC:BC = BC:AB

Appendice viii/7

Solido platonico è sinonimo di *solido regolare* e di *poliedro convesso regolare* e si definisce come poliedro convesso che ha per facce poligoni regolari congruenti (cioè sovrapponibili esattamente) e che ha tutti gli spigoli e i vertici equivalenti. Ne consegue che anche i suoi angoloidi hanno la stessa ampiezza. Essi sono: *tetraedro, esaedro (cubo), ottaedro, dodecaedro, icosaedro*. Il nome deriva dal numero delle sue facce, rispettivamente 4, 6, 8, 12 e 20.

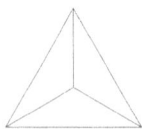
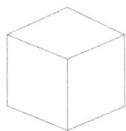
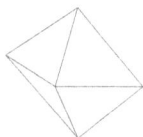

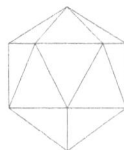

| tetraedro | cubo | ottaedro | dodecaedro | icosaedro |

Nel Partenone l'altezza complessiva della gradinata e delle colonne è *sezione aurea* dell'altezza massima del tempio. Altre proporzioni auree sono visibili in figura.

Il tempio fu fatto erigere da Pericle sull'Acropoli di Atene, tra il 477 e il 438 a. C., nello stesso posto dov'era situato un altro tempio distrutto dai persiani nel 479 a.C.. Esso era dedicato ad Athena Parthenos, dalla quale prese nome. Fu costruito da Fidia e dai suoi allievi tra i quali Ictinos e Kallicrates.

ix. Gli infinitesimi e gli infiniti

Un infinitesimo è un numero, o una grandezza, che può rendersi piccolo a piacere, senza però mai diventare zero ($\varepsilon > 0$). Un infinito è un numero, o una grandezza, che può diventare grande come si vuole, senza però essere infinito, o, come dire, tende all'infinito ($G < \infty$)

Tra gli infinitesimi e gli infiniti sussistono le relazioni:

$$\varepsilon / G = 0 \text{ e } G / \varepsilon = \infty$$

Da ciò si deduce che i rapporti $0/\infty$ e $\infty/0$ non sono forme indeterminate, laddove per forma indeterminata s'intenda un'operazione che ammette un unico risultato tra gli infiniti possibili, ma valgono rispettivamente 0 e ∞. Per ordine di un infinitesimo ($o(\varepsilon)$) si può intendere la sua velocità di avvicinamento al valore nullo, cioè allo zero. Similmente l'ordine di un infinito ($o(G)$) è assimilabile alla sua velocità di avvicinarsi a un valore infinito. Due infinitesimi si possono confrontare fra loro, così come due infiniti. Si può stabilire, cioè, chi dei due tende più rapidamente a zero o verso l'infinito.

Se $\varepsilon 1$ e $\varepsilon 2$ sono due infinitesimi dipendenti entrambi dalla stessa variabile x, per confrontarli si calcola:

$$\lim_{x \to 0} \varepsilon 1(x) / \varepsilon 2(x)$$

Se tale limite assume un valore finito allora $o(\varepsilon 1) = o(\varepsilon 2)$. Se è uguale a zero allora $o(\varepsilon 1) > o(\varepsilon 2)$, se, invece, assume un valore infinito allora $o(\varepsilon 1) < o(\varepsilon 2)$.

Per confrontare due infiniti si calcola:

$$\lim_{x \to \infty} G1(x)/G2(x)$$

Se tale limite assume un valore finito allora $o(G1) = o(G2)$. Se è uguale a zero allora $o(G1) < o(G2)$, infine, se assume un valore infinito allora $o(G1) > o(G2)$.

Dal confronto di infinitesimi e infiniti si possono calcolare i risultati delle forme indeterminate (v. App. ix/1):

$$+\infty\text{-}\infty; \; 0/0; \; \infty/\infty; \; 0\cdot\infty; \; \infty\cdot 0$$

L'ordine di un infinitesimo, o di un infinito, si può stabilire confrontandolo con un infinitesimo campione o principale, o con un infinito campione o principale (v. App. ix/2).

***

"Da tempo immemorabile l'infinito ha suscitato passioni umane più di ogni altra questione. È difficile trovare un'idea che abbia stimolato la mente in modo altrettanto fruttuoso, tuttavia nessun altro concetto ha più bisogno di chiarificazione" (D. Hilbert).

Nella matematica e nella filosofia greca i concetti di infinitesimo e di infinito vennero affrontati con estrema cautela e sempre in riferimento a qualcosa in *divenire*, ossia *potenziale* in sé ma non *attuale*. L'approccio agli infinitesimi si rese necessario dopo la scoperta, avvenuta nella *scuola pitagorica*, delle grandezze *incommensurabili*. Tale scoperta aprì strade fino ad allora sconosciute nello studio della matematica e diede l'avvio a lunghe e controverse tesi filosofiche.

Pitagora vedeva negativamente sia l'idea di infinitesimo che quella di infinito perché non mostravano *regolarità, completezza, armonia*.

Fu Zenone (d'Elea; 504 a. C. (?)) (v. App. ix/3), discepolo di Parmenide, proprio per confutare la *teoria monadistica della materia*, l'iniziatore del calcolo infinitesimale. Il concetto di infinitesimo è riscontrabile nella dicotomia sul movimento. In essa Zenone afferma l'impossibilità di superare una distanza, in quanto è necessario superare la sua metà, e poi la metà della metà, e così via. Da ciò ne consegue la serie geometria $1 - 1/2 - 1/4 - 1/8 - \dots$ la cui somma tende a una distanza piccolissima ma non nulla. Nel famoso paradosso *Achille e la tartaruga*, così come è espresso, Achille non potrà mai raggiungere la tartaruga la quale ha su di lui un vantaggio iniziale dal punto di partenza, perché, nel frattempo che egli supera la distanza, *"l'altra aggiunge nuova distanza e resta quindi sempre innanzi"*. Da un punto di vista matematico la spiegazione sta nel fatto che Achille deve percorrere infiniti intervalli per raggiungere la tartaruga. Tali intervalli diventano sempre più piccoli, ma non si esauriscono mai. La somma di essi, per le proprietà delle serie geometriche, converge verso un certo valore. Da ciò Zenone delinea l'infinitesimo come un'entità che tende a zero, pur restando essa una quantità reale approssimabile al nulla.

Anassagora (cit.) si occupò del problema della *infinità divisibilità*. Egli affermò che: *"Non v'è mai un limite minimo del piccolo, ma v'è sempre un più piccolo, essendo impossibile che ciò che è cessi di essere per divisione"*. E continua: *"Ma anche nel grande v'è sempre un maggiore; ed è uguale in estensione al piccolo: di per sé ogni cosa è insieme grande e piccola"*. La duplice progressione del grande e del piccolo di Anassagora esprime la relatività delle cose reali. Ogni cosa può essere grande o piccola. Ciò dipende esclusivamente dal punto di vista dal quale essa viene osservata.

Democrito (di Abdera; 460 – 360 a.C.) diede un grande contributo al concetto di infinitesimo, estendendo la sua applicazione alla geometria piana. Egli riuscì a calcolare il volume del cono e della piramide scomponendo i solidi in sezioni sempre più piccole con piani paralleli alla base.

Eudosso (di Cnido; 390 – 337 a.C. (?)), così come Anassagora, giunse alla conclusione che non c'è mai nessuna grandezza minima.

Egli enunciò la proposizione: "*Date due grandezze disuguali, se dalla maggiore si sottrae una grandezza più grande della sua metà, e da ciò che resta una grandezza più grande della sua metà, e questa operazione si ripete continuamente, resterà una certa grandezza che sarà più piccola della grandezza minore assegnata*". Tale proposizione è anche conosciuta come il *metodo di esaustione* (tale termine fu introdotto da Gregorio de Saint Vincent (1584-1667)nel 1647), usato dai matematici greci per risolvere il problema della *quadratura del cerchio* (Cap. v). Ludovico Geymonat (Torino 1908 - Rho 1991) nella *Storia della matematica* (1962) scrive: "*Eudosso aveva senza dubbio timore, non meno dei suoi contemporanei, delle antinomie connesse alla nozione intuitiva di infinito; egli ritenne tuttavia (e non a torto) di poterle evitare introducendo non già l'esplicito termine "infinito", ma nel restringerne l'uso, cioè nel circoscriverlo entro un linguaggio speciale regolato da precise regole operative. Ristretta in questo ambito la nozione di infinito può e deve essere usata. Essa è anzi l'idea fondamentale della scienza matematica, nonostante le numerose interpretazioni che essa comporta*".

Aristarco (di Samo; 310 (?) – 230 (?) a.C.) affrontò il concetto di infinito, o meglio dire dei *numeri smisurati*, per spiegare la sua *teoria eliocentrica dell'Universo*, nella quale il Sole e le stelle fisse sono immobili mentre la Terra ruota attorno al Sole percorrendo una circonferenza. Egli stabilì la seguente proporzione: $l{:}d$ = C:S nella quale l = lunghezza dell'orbita terrestre, d = distanza delle stelle fisse, C è il centro di qualsiasi sfera e S la superficie della sfera infinita (espressione dell'immensità dell'Universo). Tale proporzione fu dimostrata impossibile da Archimede, perché il centro di una sfera non può avere estensione e quindi non può essere messo in rapporto con la sua superficie. Sta di fatto che Aristarco fu il precursore di una sorta di *eliocentrismo* che fu in dettaglio spiegato dall'astronomo polacco Copernico (Niccolò Copernico; 1473 – 1543).

***

Fu Aristotele a sostenere con decisione la continuità delle grandezze geometriche e la loro infinità divisibilità. Egli distinse l'*infinito in atto* e l'*infinito in potenza*. Per infinito in atto intendeva una collezione infinita compiutamente data da tutti i punti di una grandezza, mentre per infinito in potenza la possibilità di aggiungere sempre qualcosa a una quantità determinata, senza che vi sia un elemento ultimo. Egli negli *Analitici* scrive: "*Il numero è infinito in potenza ma non in atto…Questo nostro discorso non intende sopprimere per nulla le ricerche dei matematici, per il fatto che esclude che l'infinito per accrescimento sia tale da poter essere percorso in atto. In realtà essi stessi, allo stato presente, non sentono il bisogno di infinito, ma di una quantità più grande quanto essi vogliono, ma pur sempre finita*". Per Aristotele, insomma, seppure scriva *allo stato presente* non precludendo sviluppi successivi, l'unico significato accettabile di infinito era l'infinito potenziale inteso come divenire. Un numero, o una qualsiasi altra grandezza o quantità, è potenzialmente in grado di crescere all'infinito, aumentandolo di poco ogni volta, ma ogni volta risulterà un'entità finita. Infinito potenziale lo è anche il tempo, che non può esistere tutto insieme *attualmente*, ma si svolge e si accresce senza fine. L'infinito deve essere inteso sempre in guisa di nascere o perire, di crescere o diminuire, mantenendosi però, in ogni suo stadio, finito pur se diverso. Se in geometria si era dichiarato imparziale nei confronti dell'ipotesi anti-euclidea generale: *la somma degli angoli interni di un triangolo è diversa da due retti*, nei confronti del concetto di infinito, invece, assume una posizione intransigente e perentoria. Ricordiamo che in greco l'infinito viene indicato con la parola *apeiron* che significa illimitato, senza limiti.

Aristotele nega l'esistenza di un infinito attuale fisico, così come lo nega al pensiero elaborato dalla mente. L'infinito non può essere presente nella sua totalità nel nostro pensiero. L'illimitato non può essere in nessun caso considerato come un tutto completo. Ciò che è completo ha una fine e la fine è un elemento limitante. Aristotele, quindi, associa indissolubilmente all'infinito l'idea della incompletezza: potenzialità non attuata e non attuabile. Per Aristotele, insomma, l'infinito esiste solo in potenza e nega l'esistenza di un infinito in atto.

Archimede si rifà al concetto aristotelico di infinito per enunciare il suo postulato (*postulato di Archimede*): "*Date due grandezze geometriche esiste sempre una grandezza multipla di una che è maggiore dell'altra*".

Il concetto di infinito di Aristotele ha influenzato il pensiero scientifico per oltre duemila anni. Solo verso la metà del XIX secolo Georg Cantor, come in seguito vedremo, ebbe l'ardire di contrastarlo. Prima di lui c'era la convinzione che non si potesse superare.

∗∗∗

Il primo a tentare di mettere in discussione il concetto di infinito così com'era stato elaborato dalla filosofia greca fu Galileo Galilei (Pisa 1564 – Arcetri 1642), ma egli si arrese di fronte all'impossibilità di spiegarlo. Galileo si rese conto dei paradossi che nascevano dall'ammettere l'infinito attuale, e, pur affermandolo con forza sul piano filosofico, preferì essere più cauto dal punto di vista matematico. Egli si rifiutò di occuparsi dell'infinito allorquando si trovò di fronte alle difficoltà che incontrava. "*Queste sono difficoltà che derivano dal discorrere che noi facciamo col nostro intelletto finito intorno a gl'infiniti, dandogli quelli attributi che noi diamo alle cose finite e terminate; il che penso che sia inconveniente …*".

Nel campo dell'analisi matematica, gli infinitesimi e il calcolo infinitesimale ebbero un grande sviluppo con gli studi e le relative scoperte di G. W. Leibniz (cit.) e Isaac Newton (Colsterworth 1642 – Londra 1727) (v. App. ix/4). Il calcolo infinitesimale venne da loro chiamato *calcolo sublime* e permise di risolvere molti problemi matematici fino ad allora senza soluzione, come, ad esempio, il calcolo dell'area racchiusa da una curva, o l'equazione della retta tangente a una curva in un suo punto. Con l'introduzione del calcolo infinitesimale i progressi della matematica furono notevoli. Nel XIX secolo ci furono i contributi di Lagrange (Joseph-Louis Lagrange; Torino 1736 – Parigi 1813), Bolzano (Bernhard Bolzano; Praga 1781 - 1848), Weirstrass (cit.), di Cauchy (Augustin-Louis Cauchy; Parigi 1789 – Sceaux 1857) e di Schwarz (Karl Hermann Amandus

Schwarz; Hermsdorf 1843 – Berlino 1921). L'infinito, invece, restò un concetto oscuro e indecifrabile, da trattare come fosse un finito. Lo stesso Gauss, uno dei più grandi matematici di tutti i tempi, nel 1831, in una lettera al suo amico F. A. Taurinus (Franz Adolph Taurinus; König Odenwald 1794 – Colonia 1874) scrive: *"Protesto contro l'uso di una grandezza infinita come qualcosa di completo, uso che non venne mai ammesso nella matematica. L'infinito è soltanto "un parlare a vanvera"; a voler essere rigorosi si parla invece di limiti, cui alcuni rapporti vengono vicini quanto si vuole, mentre ad altri rapporti è permesso crescere oltre ogni misura".* È ancora una volta il concetto aristotelico di infinito che traspare dalle sue parole.

***

Georg Cantor

"Si presenta spesso il caso che vengano confusi tra di loro i concetti di infinito potenziale e di infinito attuale, malgrado la differenza essenziale. Il primo denota una grandezza variabile finita, che cresce al di là di ogni limite finito; il secondo ha come suo significato un quanto costante, fisso in sé, tuttavia posto al di là di ogni grandezza finita. Avviene un'altra frequente confusione con lo scambio tra le due forme di infinito attuale, e precisamente quando si mettono insieme il Transfinito e l'Assoluto, mentre questi due concetti sono rigorosamente separati, in quanto il primo è relativo a un infinito attuale, sì, ma ancora ac-

crescibile, il secondo a un infinito non accrescibile e pertanto non determinabile matematicamente" (Georg Cantor).

Prima di Cantor si era pensato che non fosse possibile superare il concetto aristotelico di infinito. Egli dimostrò il contrario. Nel 1885 dichiarò: *"Dopo Kant, ha acquistato cittadinanza tra i filosofi la falsa idea che il limite ideale del finito sia l'assoluto, mentre in verità tale limite può venir pensato solo come transfinito, e precisamente come il minimo di tutti i transfiniti".*

Costruendo classi di numeri in corrispondenza biunivoca, Cantor scoprì che un insieme può essere uguale a una sua parte. Già Galileo lo aveva notato quando mise in corrispondenza biunivoca i numeri naturali e i loro quadrati, sebbene quest'ultimo insieme fosse un sottoinsieme dei naturali. Galileo trovò ciò sconcertante. Poiché era più interessato ai problemi della fisica e dell'astronomia, non proseguì nella sua indagine e lasciò in sospeso la questione. Cantor, invece, entrò a indagare il meraviglioso *regno dell'infinito*, e, varcata la soglia, scoprì, che vi sono molti infiniti, anzi, di infiniti ce ne sono infiniti. Quello più facilmente osservabile dall'intelletto umano corrisponde alla sequenza dei numeri naturali, la quale può essere allungata a piacere; c'è quello delle frazioni esistenti nel salto tra un numero intero e il suo successivo; c'è l'infinità dei punti di un segmento; e così via. Da tali considerazioni egli trasse la conclusione dell'esistenza di un insieme di infiniti diversi, e, di conseguenza, di un altro infinito che sta oltre l'infinito così come comunemente inteso: l'assoluto. I numeri naturali rappresentano l'infinito numerabile che egli chiama transfinito e indica con la prima lettera dell'alfabeto ebraico con l'aggiunta dello zero: $\aleph_0$ (Aleph Zero o Alef Zero) (v.App. ix/5). Al di là di esso c'è l'infinito superiore (l'assoluto) che egli indica con $\aleph_1$ (Aleph Uno o Alef Uno) il quale esprime la *potenza del continuo* non numerabile, cioè dei numeri reali.

***

Dati due insiemi finiti A e B è facile stabilire se essi hanno lo stesso numero di elementi, oppure uno ha meno elementi dell'altro. Per fa ciò non è necessario contare gli elementi dell'uno e dell'altro, ma è sufficiente associare a un elemento di A un elemento di B. Così procedendo, se gli elementi di A si esauriscono contemporaneamente a quelli di B, vuol dire che i due insiemi hanno lo stesso numero di elementi. Se, invece, gli elementi di uno di essi si esauriscono prima di quelli dell'altro, allora questo insieme contiene un numero di elementi inferiore rispetto all'altro. Ciò conduce a dire che sono valide le seguenti proprietà:

1) Se esiste una *funzione biiettiva* da A a B (corrispondenza biunivoca)allora A e B hanno la stessa potenza (fig. 1).

2) Se esiste una *funzione* da A a B *iniettiva*, ma non *suriettiva* (ossia tale che a elementi distinti di A corrispondono elementi distinti di B, ma non viceversa; come dire la corrispondenza non esaurisce tutti gli elementi di B), allora l'insieme A ha meno elementi dell'insieme B (fig. 2).

3) Se A⊂B, cioè se A è un sottoinsieme di B, allora A ha meno elementi di B (fig. 3). Tale proprietà è riconducibile all'enunciato di Euclide nel libro I degli *Elementi*, il quale afferma "*Il tutto è maggiore della parte*".

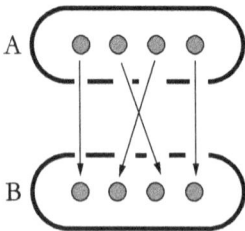 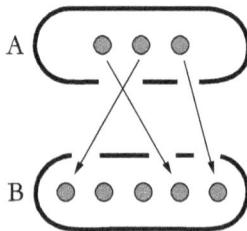 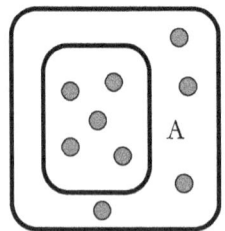

fig.1   fig.2   fig.3

Per gli insiemi infiniti, invece, le cose si complicano.

Consideriamo l'insieme N dei numeri naturali e l'insieme S = {0, 1, 4, 9, 16, …} dei suoi quadrati. Sembrerebbe che S ⊂ N, ossia che S ha meno elementi di N. Però è possibile stabilire una corrispondenza biunivoca (*funzione biiettiva*) che associ ad ogni numero naturale il suo quadrato. Da ciò, per la 1) N ≡ S, ciò induce a dire che i due insiemi hanno lo stesso numero di elementi. Queste considerazioni misero in crisi l'acuta mente logica di Galileo Galilei, e il confronto di cui prima è noto come il *paradosso di Galileo*.

Anche Leibniz esaminò una situazione del tutto analoga, confrontando l'insieme N con l'insieme dei numeri pari, e giunse alla conclusione che non era possibile introdurre numeri infiniti. Difficoltà di questo tipo crearono nei matematici una certa diffidenza nei confronti dei numeri infiniti, proprio perché sembravano sfuggire a una trattazione matematica rigorosa. Come abbiamo visto precedentemente tali difficoltà risalgono ai matematici dell'antica Grecia. Solo verso la fine del XIX secolo Georg Cantor riuscì a dare un assetto logico agli infiniti. Egli non solo sviluppò la *teoria degli insiemi*, ma la sistematizzò in maniera coerente soprattutto riguardo agli insiemi infiniti. Di lui David Hilbert, proprio per evidenziare la sicurezza con cui i matematici dopo di lui potevano maneggiare gli infiniti, ebbe a dire: "*Nessuno ci scaccerà dal Paradiso che Cantor ha creato per noi*".

Egli introdusse un criterio che permette di confrontare due insiemi infiniti, dando la seguente definizione:

"*Due insiemi infiniti A e B hanno lo stesso numero di elementi se e solo se esiste una funzione biiettiva (corrispondenza biunivoca) da A a B; in tal caso si dice che gli insiemi A e B sono equipotenti*" (uguale *potenza* nel senso di grandezza, numerosità).

In sostanza, Cantor, a differenza dei matematici che prima di lui si occuparono del concetto di infinito, applica agli insiemi infiniti la stessa definizione 1) degli insiemi finiti, trascurando sia la 2) che la

3). In questo modo, se riprendiamo l'esempio dei numeri naturali N e dei suoi quadrati S, che tanto impegnò Galileo, siccome è possibile porli in corrispondenza biunivoca attraverso la relazione "$s \in S$ è quadrato di $n \in N$", si può concludere immediatamente che N e S hanno lo stesso numero di elementi, pur se tra loro esistono altri tipi di corrispondenze non biunivoche quale, ad esempio, "$s \in S$ è uguale a $n \in N$". La novità introdotta da Cantor comporta una sostanziale differenza tra gli insiemi finiti e gli insiemi infiniti. Negli insiemi finiti non ha importanza quali siano gli elementi del primo insieme che corrispondono rispettivamente agli elementi del secondo insieme; la stessa considerazione non si può fare per gli insiemi infiniti. Se, per esempio, consideriamo gli insiemi *otto bambini – otto caramelle* è perfettamente indifferente a quale bambino assegniamo la corrispondente caramella; ma se i bambini e le caramelle fossero infiniti, non possiamo assegnare a caso le caramelle ai bambini, perché si rischierebbe che molti di loro restino senza caramelle. Ancora con riferimento agli insiemi N e S, se N sono i bambini contrassegnati da 0, 1, 2, 3, 4, … e S le caramelle contrassegnate da 0, 1, 4, 9, 16, …, non si può dare al bambino 4 la caramella 4, al bambino 9 la caramella 9, e così via. In tal caso i bambini 2, 3, 5, 6, 7, 8, resterebbero senza caramelle. Bisogna dare, invece, al bambino 2 la caramella 4, al bambino 3 la caramella 9, al bambino 4 la caramella 16, e così via; così facendo ai bambini 2, 3, 5, 6, 7, 8 … vengono assegnate le caramelle 4, 9, 25, 36, 49, 64 …. Insomma, la corrispondenza biunivoca che si instaura tra due insiemi infiniti è di stringente applicazione e non può essere casuale.

Da quanto fin qui esposto, nella *teoria degli insiemi* di Cantor, la proprietà 3) non ha più valore e perde di significato anche la 2). Quest'ultima non è applicabile agli insiemi infiniti. Infatti, ancora con riferimento all'esempio degli insiemi N (naturali) e S (quadrati), si può costruire una *funzione* da N a S *iniettiva* ma non *suriettiva*. Basterebbe considerare la relazione "s $\in$ S è la quarta potenza di n$\in$N" (fig. 4).

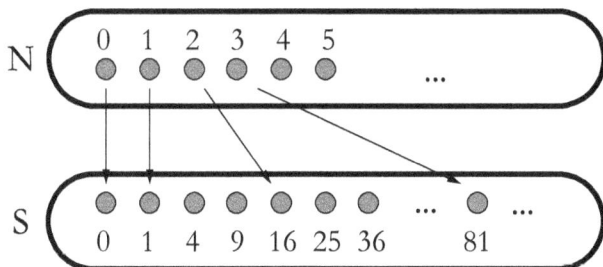

fig. 4

Se accettassimo la proprietà 2) si dovrebbe concludere addirittura che N ha un numero inferiore di elementi di S. Quindi, per stabilire che un insieme infinito ha un numero minore di elementi di un altro insieme infinito è necessario procedere in un modo diverso. Intuitivamente ciò si verifica quando gli elementi di un insieme non bastano in alcun modo a occupare tutti gli elementi dell'altro (cioè non vi è fra i due insiemi alcuna corrispondenza biunivoca). In altri termini possiamo enunciare la seguente definizione:

"*Dati due insiemi infiniti A e B, si dice che A ha meno elementi di B (o che A ha minor potenza rispetto a B) se non esiste alcuna funzione suriettiva da A a B*".

Come già detto la proprietà 3) è falsa per gli insiemi infiniti. In effetti potrebbe apparire strano che togliendo a N il suo sottoinsieme che contiene tutti i numeri naturali che non sono quadrati, l'insieme rimanente abbia lo stesso numero di elementi di tutto N. Ma una situazione analoga si presenta anche in geometria. Se da una semiretta (fig. 5) si tolgono tutti gli infiniti punti di un segmento OA che ha origine in O, lasciando l'estremo A, si trova un'altra semiretta che è sottoinsieme della precedente, ma è perfettamente uguale a questa.

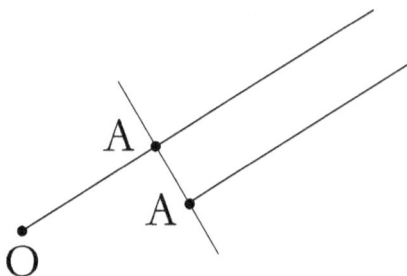

fig. 5

Per quanto descritto possiamo concludere che:

"Per ogni insieme infinito A è sempre possibile trovare un sottoinsieme B⊂A tale che B sia equipotente ad A"

Dedekind propose di assumere tale proprietà come definizione degli insiemi infiniti. Essa potrebbe essere enunciata:*"Un insieme è infinito quando è equipotente a un suo sottoinsieme proprio"* (distinto cioè dall'insieme stesso).

***

Nel Cap. v abbiamo visto che lo spazio ha la *potenza del continuo*. Cioè tutti i punti dello spazio sono tanti quanti quelli di un segmento. Si potrebbe perciò pensare che non esistono insiemi infiniti che abbiano più elementi dell'insieme dei numeri reali R. In un certo qual modo, insomma, R è il più grande insieme possibile. Ma così non è. Anzi, in generale *"non esiste un insieme più grande di tutti gli altri"*. Infatti, dato un qualsiasi insieme A, se ne può sempre costruire un altro che ha una maggiore potenza (cardinalità) rispetto ad A.

Seguiamo il ragionamento.

Dato un insieme A, si denota come insieme della parti di A, e lo si indica con $P(A)$, l'insieme che ha per elementi tutti i sottoinsiemi di A. Ad esempio se A = {a, b} si ha $P(A)$ = {∅, {a}, {b}, A}, o, ancora, se $A = \{1, 2, 3\} \rightarrow P(A) = \{\varnothing, \{1\}, \{2\}, \{3\}, \{1, 2\}, \{1, 3\},$ $\{2, 3\}, A\}$. In entrambi i casi, come si vede $A \subset P(A)$. Da un insieme di 5 elementi si ottengono 32 sottoinsiemi.

Dagli esempi proposti, seppure su insiemi di pochi elementi, si può notare che gli elementi di $P(A)$ crescono molto velocemente di numero, e non è per niente facile trovare una formula che consenta di stabilire quanti essi siano quando il numero degli elementi di A è grande a piacere. Fu il matematico indiano Srinivasa Ramanujan (cit.) a scoprire la formula che permette di calcolare il numero della partizioni di un insieme di n elementi:

$$p(n) = \frac{1}{\pi\sqrt{2}} \sum_{1 \le k \le N} \sqrt{k} \left(\sum_{h \bmod k} \omega_{h,k}\, e^{-2\pi i \frac{hn}{k}} \right) \frac{d}{dn} \left(\frac{\cosh\left(\frac{\pi \sqrt{n - \frac{1}{24}}}{k} \sqrt{\frac{2}{3}} \right) - 1}{\sqrt{n - \frac{1}{24}}} \right) + O\left(n^{-\frac{1}{4}} \right)$$

Nella formula di Ramanujan compaiono $\sqrt{2}$, π, differenziali, funzioni trigonometriche ellittiche ed esponenziali. È un mistero come egli l'abbia potuta concepire. Essa, comunque, non dà il valore esatto delle partizioni di un insieme, ma il risultato che da essa si ottiene va approssimato all'intero più vicino. Alcuni anni più tardi la formula fu perfezionata con alcune varianti che permisero un risultato rigorosamente esatto.

Da quanto sopra, in generale, si può enunciare il seguente teorema: *"Ogni insieme A ha un numero minore di elementi (e quindi minore potenza) del corrispondente insieme delle parti"* (v. App. ix/6). Nella dimostrazione di questo teorema Georg Cantor usò un ragionamento che, in seguito, ebbe una grandissima importanza e fu applicato in tantissimi altri settori della matematica.

Ancora una volta il progresso della matematica è strettamente collegato a nuovi metodi d'indagine e di ragionamenti dimostrativi diversi da quelli usati in precedenza. E ciò ci pare sia stato sufficientemente illustrato fin qui.

Appendici al Capitolo ix

Appendice ix/1

Di seguito alcune forme indeterminate calcolabili immediatamente mediante il confronto tra due infiniti:

$$\lim_{x \to \infty} (x^2 - x) = (+\infty - \infty) = +\infty$$

$$\lim_{x \to -\infty} (x^3 + x^2) = (-\infty + \infty) = -\infty$$

$$\lim_{x \to \infty} (x^2 - x)/(3x^2 + 4) = (\infty/\infty) = 1/3$$

$$\lim_{x \to \infty} (x - 1)/(x^2 + 1) = (\infty/\infty) = 0$$

$$\lim_{x \to \infty} (x^2 - 1)/(x + 1) = (\infty/\infty) = +\infty$$

Appendice ix/2

Siano $\varepsilon(x)$ e $\varphi(x)$ due infinitesimi per $x \to c$ (o $x \to 0$, o $x \to \infty$), $\varepsilon(x)$ è di ordine $\alpha > 0$ rispetto a $\varphi(x)$, preso come infinitesimo campione o principale, se:

$$\lim_{x \to \infty} \varepsilon(x)/[\varphi(x)]^\alpha = 1 \text{ (valore finito)}$$

È d'uso assumere come infinitesimo campione:

$$\varphi(x) = x \text{ se } x \to 0$$

$$\varphi(x) = 1/x \text{ se } x \to \infty$$

$$\varphi(x) = x - c \text{ se } x \to c$$

Siano $G(x)$ e $\Phi(x)$ due infiniti per $x \to c$ (o $x \to 0$, o $x \to \infty$), $G(x)$ è di ordine $\alpha > 0$ rispetto a $\Phi(x)$, preso come infinito campione o principale, se:

$$\lim_{x \to \infty} G(x)/[\varphi(x)]^\alpha = 1 \text{ (valore finito)}$$

Per infinito campione si assume generalmente:

$$\Phi(x) = x \text{ se } x \to \infty$$

$$\Phi(x) = 1/x \text{ se } x \to 0$$

$$\Phi(x) = 1/(x - c) \text{ se } x \to c$$

Appendice ix/3

Zenone è celebre per i suoi paradossi. Il più famoso è quello di *Achille e la tartaruga*, ma ce ne sono altri due che ancor meglio descrivono non solo la sua spietata critica nei confronti della tesi monadica della materia propugnata dalla *scuola pitagorica*, ma anche il concetto di infinito. Il primo paradosso sostiene che se le cose sono molte, esse sono allo stesso tempo un numero finito e un numero infinito: sono finite in quanto esse sono né più né meno di quante sono, e infinite poiché tra la prima e la seconda ce n'è una terza e così via. Il secondo paradosso sostiene che se le unità non hanno grandezza, le cose da esse composte non avranno grandezza, mentre se le unità hanno una certa grandezza, le cose composte da infinite unità avranno una grandezza infinita.

Appendice ix/4

La fama di Leibniz matematico è legata alla pubblicazione, avvenuta nel 1687, della *De geometria recondita et analysi indivisibilium atque infinitorum*. La pubblicazione diede origine a una violenta polemica con Newton, il quale lo accusò di aver copiato idee e scoperte dal suo trattato *Philosophiae naturalis principia matematica*, pubblicato nel 1684. In entrambi i testi si dà una sistemazione organica e approfondita del calcolo infinitesimale e differenziale.

Appendice ix/5

Nonostante fosse ebreo, Georg Cantor era un fervente cristiano. Dopo aver scoperto che esistevano più infiniti, volle sapere cosa ne pensasse la Chiesa Cattolica. Sappiamo che all'epoca (fine ottocento) non c'era più il rischio di essere messi al rogo così come accadeva nel Medio Evo, ma la Chiesa deteneva un grande potere e influenzava le scoperte scientifiche controllando che esse non mettessero in discussione il primato di Dio. Nel trascorrere dei secoli essa si appropriò del concetto aristotelico d'infinito, e, con Niccolò Cusano, associò l'infinito a Dio e quindi al divino e alla perfezione. Fu per questo che Cantor avvertì l'esigenza di esporre le sue scoperte alla Chiesa. Si recò in Vaticano e fu ammesso al cospetto di un cardinale il quale governava il Santo Uffizio. "*Mia Eminenza* – disse

Cantor – *ho qui dei lavori di matematica che dimostrano l'esistenza di tanti infiniti*". "*Io la matematica non la conosco* – rispose il cardinale, e aggiunse: – *Do ai miei segretari i suoi appunti perché se li studino*". Così il Santo Uffizio incaricò dei frati domenicani di analizzare compiutamente gli studi di Cantor per vedere se essi mettessero in discussione in qualche modo la supremazia di Dio. Dopo due anni di intensi studi, i frati domenicani riferirono al cardinale: "*Secondo noi non c'è alcun pericolo per la fede, ma forse sarebbe meglio non parlare di tanti infiniti*". Cantor venne convocato in Vaticano e il cardinale governatore del Santo Uffizio gli disse: "*A quanto mi è stato riferito lei può parlare di questi infiniti, purché non li chiami infiniti, perché questo potrebbe, teologicamente, far pensare a più divinità*". Fu forse per questo che Cantor li chiamò *transfiniti*. Il termine *transfiniti* piacque al cardinale del Santo Uffizio, perché dava l'idea che al di là di essi ci fosse il vero infinito: l'infinito assoluto corrispondente a Dio.

Appendice ix/6

Ecco di seguito la dimostrazione di Georg Cantor.

Si deve dimostrare che non esiste una *funzione suriettiva* da A a $P(A)$, cioè non è possibile trovare alcuna funzione che ad ogni elemento di A faccia corrispondere un elemento di $P(A)$, in modo che ogni elemento di $P(A)$ sia l'immagine di almeno un elemento di A.

Osserviamo preliminarmente che se f: A $\to$ $P(A)$ e indichiamo con f(x) il sottoinsieme di A corrispondente di x$\in$A in virtù della f, allora x può o non può appartenere a f(x). Per esempio, se A = {a, b, c} e la f è definita da: f(a) = $\emptyset$, f(b) = {a, b, c}, f(c) = {b}; si ha che a$\notin$f(a), b$\in$f(b), c$\notin$f(c). Ciò premesso, ragioniamo per assurdo.

Supponiamo che esista una funzione suriettiva f da A a $P(A)$ e consideriamo il sottoinsieme

F⊂A: F = {x: x∈A e x∉f(x)}. Nell'esempio sopra citato risulta F = {a, c}. Si dimostra che F non può essere l'immagine di alcun elemento di A, e quindi f non può essere suriettiva.

Infatti, se esistesse z∈A: f(z) = F, si avrebbero due possibilità:

1) z∈F. Allora dovrebbe soddisfare alle proprietà di F, per cui si avrebbe z∉f(z) cioè z∉F, ma ciò è assurdo in quanto non può essere contemporaneamente z∈F e z∉F.

2) z∉F. Allora z non dovrebbe soddisfare alle proprietà di F. Per cui si avrebbe z∈f(z), cioè z∈F. Ma ciò è di nuovo un assurdo, perché z∈F e z∉F allo stesso tempo.

Si conclude che non esiste un elemento z∈A che ha immagine in F. Quindi f non è *suriettiva*. C.V.D.

x. I numeri complessi. Sviluppi successivi.

I numeri irrazionali permisero di risolvere tanti tipi di equazioni algebriche, eppure ne restavano altrettante impossibili da risolvere. Come $x^2 + 1 = 0$, da cui $x = \sqrt{-1}$, e non c'era alcun numero tra quelli conosciuti che elevato al quadrato dava per risultato un numero negativo. Cosicché si pose $\sqrt{-1} = i$ e fu chiamata *unità immaginaria*. Preceduta da un coefficiente diede origine all'insieme I dei numeri immaginari. Per contrasto gli altri numeri vennero chiamati reali. Dall'unione degli immaginari con i reali si costruirono i numeri complessi e furono indicati con la lettera C (fig. 1).

$C = \{a + bi, \forall a,b \in R\}$

Nel 1799 Gauss, nella sua tesi di laurea, dimostrò che con essi era possibile risolvere qualsiasi tipo di equazione algebrica.

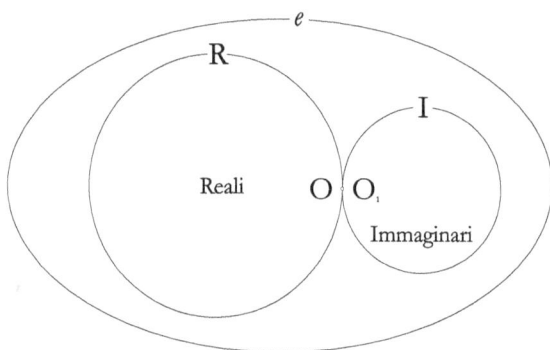

fig. 1

Mentre per le potenze dell'*unità reale* si ha $1^n = 1$ qualunque sia l'esponente n, l'*unità immaginaria* assume quattro valori che si ripetono ciclicamente: $i^0 = 1$, $i^1 = i$, $i^2 = -1$, $i^3 = -i$. I quattro valori $\{1, i, -1, -i\}$ costituiscono un gruppo abeliano di ordine quattro (v. App. x/1).

Le operazioni in I sono ricondotte a quelle fra monomi algebrici:

ai + bi = (a + b)i

ai − bi = (a − b)i

ai·bi = ab·i^2 = -ab

ai/bi = a/b

Se u = a + bi è un numero complesso, c'è il suo coniugato u* = a − bi, il suo opposto u⁻ = - a − bi, e u*⁻ = u⁻* = - a + bi (opposto del coniugato o coniugato dell'opposto), e risulta: u** = u⁻⁻ = u.

Se u = a + bi e v = c + di sono due numeri complessi, si definisce:

addizione: u + v = (a + bi) + (c + di) = (a + c) + (b + d)i

sottrazione: u − v = (a + bi) - (c + di) = (a - c) + (b - d)i

moltiplicazione: u·v = (a + bi)·(c + di) = ac + adi + bci + bdi^2 = (ac − bd) + (ad + bc)i

Siccome u·u* = (a + bi)·(a − bi) = $a^2 + b^2$ = N(u) = *norma* di u, si ha:

divisione: u/v = u·v*/v·v* = (a + bi)/(c + di) = [(a + bi)·(c − di)]/ N(v) = (ac − adi + bci - bdi^2)/N(v) = (ac + bd)/N(v) + (bc − ad)/N(v)

Dalle definizioni delle operazioni in C, risulta: u + u⁻ = 0, u - u⁻ = 2u, u + u* = 2a, u − u* = 2bi,

u·u⁻ = -u^2, u/u* = u·u**/u*·u** = u^2/N(u), u/u⁻ = u·u*/u⁻·u* = u·u*/ N(u).

Un numero complesso u = a + bi può essere rappresentato geometricamente nel piano cartesiano da un punto P (fig. 2):

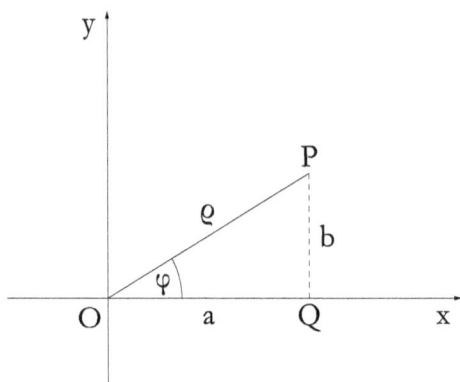

fig. 2

Congiungendo O con P si ottiene il vettore corrispondente al numero complesso u. Tenendo conto delle proprietà dei triangoli rettangoli risulta: modulo di u = $\varrho u = \sqrt{(a^2 + b^2)} = \sqrt{N(u)}$, $\cos\varphi = a/\varrho_u$, $\text{sen}\varphi = b/\varrho_u$. Posto, quindi, $a = \varrho_u \cdot \cos\varphi$ e $b = \varrho_u \cdot \text{sen}\,\varphi$, sostituendo si ottiene la forma trigonometrica:

$$u = a + bi = \varrho_u \cdot (\cos\varphi + i\,\text{sen}\varphi)$$

Dalla forma algebrica di un numero complesso si può passare alla sua forma trigonometrica e viceversa.

La prima teoria sui numeri complessi in forma trigonometrica risale a Gauss. Per questo il piano sui quali essi vengono rappresentati è detto piano di Gauss o piano gaussiano. L'insieme degli infiniti vettori con origine in O costituisce uno *spazio vettoriale*, il quale gode di tutte le proprietà algebriche delle operazioni, in particolare l'elemento neutro additivo è 0 + 0i, mentre quello moltiplicativo è 1 + 0i.

Dati due numeri complessi $u = a + bi = \varrho_u \cdot (\cos\varphi 1 + i\,\text{sen}\varphi 1)$ e $v = c + di = \varrho_v \cdot (\cos\varphi 2 + i\,\text{sen}\varphi 2)$ risulta:

$$u \cdot v = \varrho_u \cdot \varrho_v (\cos(\varphi 1 + \varphi 2) + i\,\text{sen}((\varphi 1 + \varphi 2))$$

$$u/v = \varrho_u / \varrho_v (\cos(\varphi 1 - \varphi 2) + i\,\text{sen}((\varphi 1 - \varphi 2))$$

$$u^n = \varrho_u{}^n (\cos(n\varphi) + i\,\text{sen}(n\varphi))$$

detta formula di De Moivre (Abraham de Moivre; Vitry-le-François 1667 – Londra 1754) (v. App. x/2).

$$\sqrt[n]{u} = \sqrt[n]{\varrho_u} \{\cos(\varphi/n + 2k\pi/n) + i\,\text{sen}((\varphi/n + 2k\pi/n)\}: k = 0, 1, 2, \ldots, (n-1).$$

Quest'ultima formula permette di calcolare le n radici di qualsiasi numero. Per la loro rappresentazione grafica sul piano gaussiano, dapprima si rappresenta il vettore OP, il cui modulo vale $\sqrt[n]{\varrho_u}$ e formante con l'asse x l'angolo φ, si traccia la circonferenza con centro in O e raggio $\sqrt[n]{\varrho_u}$, e, infine, si divide questa in n archi uguali (v. App. x/3).

Prima dell'*ideazione* dei numeri complessi si aveva $\sqrt[n]{1} = \pm 1$ se n è pari e $\sqrt[n]{1} = +1$ se n è dispari. Con l'uso dei numeri complessi si possono calcolare tutte le radici n-esime dell'unità reale. Per esempio, con la formula prima vista la $(1)^{1/6}$ ammette sei soluzioni: 1, $(1 + i\sqrt{3})/2$, $(-1 + i\sqrt{3})/2$, -1, $(-1 - i\sqrt{3})/2$, $(1 - i\sqrt{3})/2$ la cui rappresentazione geometria è riportata in fig. 3.

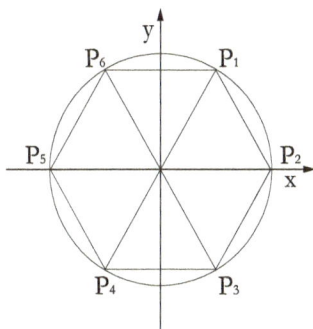

fig. 3

Dalla forma trigonometrica u = a + bi = $\varrho_u \cdot$(cosφ + isenφ), posto cosφ + isenφ = e^iφ si ottiene la forma esponenziale dei numeri complessi u = $\varrho \cdot$ e^iφ che è detta forma di Eulero. In essa sono valide le proprietà delle potenze:

$$e^{i\varphi 1} \cdot e^{i\varphi 2} = e^{i(\varphi 1 + \varphi 2)}$$

$$e^{i\varphi 1} / e^{i\varphi 2} = e^{i(\varphi 1 - \varphi 2)}$$

$$(e^{i\varphi})^{\wedge}n = e^{\wedge}in\varphi$$

In particolare e^i0 = 1, infatti: e^i0 = cos0° + isen0° = 1 + 0i = 1.

***

Il più antico riferimento alla radice di un numero negativo risale agli studi di Erone (di Alessandria; 1° sec. a. C. (?)) (v. App. x/4) per determinare il volume di una piramide tagliata da due piani non paralleli. A questi tipi di radici, il termine *immaginario* fu attribuito da Renè Descartes (Cartesio) e in esso è racchiusa la titubanza che i matematici dell'epoca avevano nei loro confronti. Il termine, infatti, fu coniato proprio per far rilevare che la loro esistenza era quanto meno dubbia; a significare che si trattava di numeri che non dovrebbero esistere o non essere accettati come soluzioni delle radici di numeri negativi.

John Wallis (cit.), nel 1685, nel *De Algebra tractatus*, diede una prima rappresentazione geometrica dei numeri complessi. De Moivre, con la sua famosa formula (cosφ + isenφ)^n = (cos(nφ) + isen(nφ)), e Eulero con la forma esponenziale e^iφ diedero un fondamento teorico ai numeri complessi. Ma, nonostante i progressi ottenuti, la resistenza all'uso di questi nuovi numeri fu notevole. L'approccio mutò quando, alla fine del '700, Caspar Wessel (Vestby 1745 – Copenaghen 1818) e J. R. Argaud (Jean Robert Argaud; 1768 -1822), ne diedero una precisa rappresentazione geometrica, che fu ulteriormente perfezionata da Gauss nel suo saggio del 1832, nel quale egli usò per la prima volta il termine numeri complessi. Il saggio di Gauss ebbe una grandissima eco e sancì definitivamente l'accettazione dei *numeri complessi* nello studio della matematica. B. Riemann, per calcolare gli zeri della *funzione zeta* (Cap, IV) fece uso di variabili complesse. Dopo di allora i numeri complessi furono ampliamente usati in fisica e in ingegneria. Charles P. Steinmetz (1865 – 1923), ingegnere americano di origini tedesche, alla fine dell'800, sviluppò la teoria delle correnti alternate basandosi sui numeri complessi.

∗∗∗

Gli algebristi italiani del XVI secolo, impegnati nella ricerca di metodi risolutivi di equazioni di 3° e 4° grado, furono tra i primi a far uso delle radici dei numeri negativi. Nicolò Fontana (detto Tartaglia; 1500 (?) – 1559) diede una procedura risolutiva dell'equazione $x^3 = px + q$ (v. App. x/5).

Gerolamo Cardano (1501 – 1576) nel suo saggio *Ars Magna* fa riferimento alle radici dei numeri negativi per dividere il numero 10 in due parti la cui somma desse ancora 10 e il cui prodotto fosse 40. Dopo aver trovato le soluzioni $5 + \sqrt{-15}$ e $5 - \sqrt{-15}$, le rifiutò ritenendole prive di significato e le definì non accettabili. Rafael Bombelli (1526 – 1573), nel libro *Algebra*, si occupò della risoluzione di equazioni di 3° grado del tipo $x^3 + mx = n$. Per $m = -15$ e $n = 4$, cioè per l'equazione $x^3 - 15x = 4$ trovò le soluzioni $t = 2 + \sqrt{-121}$ e $u = -2 - \sqrt{-121}$, e, anziché considerarle non accettabili, proseguì nella ricerca assurda delle radici cubiche di detti numeri, trovando $\sqrt[3]{t} = 2 + \sqrt{-1}$ e $\sqrt[3]{u} = -2 + \sqrt{-1}$, da cui ricavò come soluzione $x = 4$, la quale, effettivamente, soddisfa alla equazione di partenza.

Durante il Rinascimento la matematica fu in pieno sviluppo. Molti eminenti matematici insegnavano all'Università di Bologna. Oltre a quelli già citati, sono da ricordare Luca Pacioli (cit.), Scipione Dal Ferro (1465 – 1526), Ludovico Ferrari(1522 – 1565). La loro fama si sparse dappertutto e attirò studenti da tutte le nazioni europee. Fu proprio a Bologna che il famoso artista Albrecht Dürer (Norimberga 1471 – 1528) perfezionò i suoi studi sulla prospettiva.

Dopo gli studi dei matematici italiani, per oltre due secoli, si tentò di risolvere equazioni di 5° grado e di grado superiore, senza però giungere ad alcun risultato. Nel 1799, come già menzionato, nella sua tesi di laurea, Gauss diede una dimostrazione del *teorema fondamentale dell'algebra*: "*Ogni equazione algebrica di grado n ha almeno una radice nel campo complesso, sia che i coefficienti siano reali o complessi*".

***

Con l'accettazione incondizionata dei numeri complessi, nei corsi di matematica delle università europee si diede l'avvio a ulteriori ricerche che condussero alla teoria dei cosiddetti *numeri ipercomplessi*. Essi rappresentano un'estensione dei numeri complessi e sono definiti dalla costruzione di Cayley - Dickson (Arthur Cayley; Richmond upon Thames 1821 – Cambridge 1895, Leonard Eugene Dickson; Independence 1874 – Harlingen 1954) la quale produce una sequenza di algebre, ognuna delle quali ha una dimensione doppia della precedente. I primi tre passaggi di queste algebre generano gli insiemi dei *quaternioni* (H), degli *ottetti* (o *ottonioni*) (O) e dei *sedenioni* (S). Essi possono essere rappresentati geometricamente in spazi a 4, 8, 16 dimensioni. In ognuno di questi passaggi si perdono alcune delle proprietà dei numeri reali e dei numeri complessi.

I *quaternioni* furono introdotti da W. R. Hamilton (William Rowan Hamilton; Dublino 1805 – 1865). L'insieme H dei *quaternioni* perde la proprietà commutativa della moltiplicazione. Geometricamente costituiscono uno spazio vettoriale a quattro dimensioni. Per ogni *quaternione* si può definire il concetto di norma e di coniugato, e, se diverso da zero, possiede un inverso moltiplicativo. Un *quaternione* si scrive nella forma:

$$a + bi + cj + dk$$

con a, b, c, d coefficienti reali. La somma e il prodotto sono definiti tenendo conto delle relazioni:

$$i^2 = j^2 = k^2 = ijk = -1$$

Hamilton incise le formule su una lapide fissata su una pietra del ponte di Brougham (Broom Bridge) in un sobborgo di Dublino (v. App. x/6).

I risultati delle moltiplicazioni sono riassunti nella seguente tabella.

x	1	i	j	k
1	1	i	j	k
1	1	-1	k	-j
j	j	-k	-i	i
k	k	j	-i	-1

Gli *ottetti* (o *ottonioni*) sono un'estensione dei quaternioni. Furono scoperti da John. T. Graves (1806 – 1870), nel 1843 e furono teorizzati, nel 1845, da Arthur Cayley, per questo sono chiamati numeri, o *ottetti*, di Cayley. L'algebra degli *ottetti*, oltre alla proprietà commutativa, perde la proprietà associativa: $(ij)l = -i(jk)$. Non ammettono divisori dello zero. Nell'algebra a otto dimensioni vengono indicati con le ottuple: 1, e1, e2, e3, e4, e5, e6, e7. L'operazione di addizione si esegue sommando i coefficienti, mentre la moltiplicazione è ricondotta a quella tra matrici. Non formano un gruppo venendo a mancare l'associatività.

Una regola per ricordare i prodotti degli *ottetti* si ha dal *piano di Fano* (fig. 4) (Gino Fano; Mantova 1871 – Verona 1952).

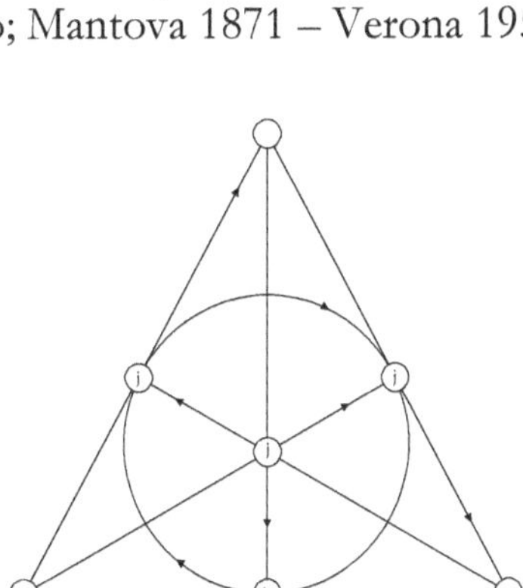

fig. 4

Esso è composto da sette punti e sette linee (il cerchio tra i, j, k è considerato una linea). Le linee sono orientate secondo le frecce. I sette punti corrispondono alle sette *unità immaginarie*. Due punti distinti giacciono su un'unica linea e ogni linea passa per tre punti. Data, quindi, una tripla ordinata di punti (a, b, c) giacenti su una stessa linea, la moltiplicazione è data da: ab = c e ba = -c, la quale è soggetta a permutazione ciclica. Questa regola, assieme a 1 = identità e e^2 = -1, definisce la struttura algebrica moltiplicativa in O. Ognuna delle linee genera una sotto-algebra di *quaternioni* H. In particolare sotto-algebre in H sono generate, oltre chiaramente a 1, dalle terne di indici (1,2,4); (2,3,5); (3,4,6); (4,5,7); (5,6,1); (6,7,2); (7,1,3).

I *sedenioni* (S) formano un'algebra a sedici dimensioni nel campo dei numeri reali, ottenuta dalla costruzione di Cayley-Dickson sull'algebra degli *ottonioni*. La moltiplicazione in S non è associativa né commutativa. Nei *sedenioni* c'è l'unità 1 della moltiplicazione e alcuni di essi sono invertibili, ma non costituiscono un'algebra della divisione, perché alcuni sedenioni sono divisori dello zero. Generalmente vengono indicati con la sequenza: 1, e1, e2, …, e15.

***

Così come la scoperta di nuove geometrie ha ampliato il concetto di spazio e geometrizzato nuovi aspetti della realtà fisica, la scoperta di nuovi numeri ha ampliato il concetto di numero e ha permesso di calcolare e misurare nuove varietà di grandezze, dando l'avvio alle moderne tecnologie. I *numeri ipercomplessi* sono utilizzati in tantissime applicazioni, tra le quali la cibernetica, la robotica e l'aeronautica spaziale. È proprio in queste discipline che sta avvenendo una rivoluzione nella quale la matematica moderna assume un ruolo fondamentale, ed è indispensabile sapere intendere le implicazioni umane che ciò comporta. La dialettica uomo-macchina pone grandi problemi e non è il caso di allinearsi alla cosiddetta *filosofia del computer* esclusivamente con la pura razionalità di una scienza contemporanea iper-tecnicizzata. L'insegnamento della matematica deve riqualificare il suo ruolo nel mutato panorama scientifico-culturale, ritrovando il piacere e il dovere di far comprendere le congiunture storiche del pensiero filosofico, la genesi delle proprie teorie che hanno condotto all'attuale visione del mondo.

Appendici al Capitolo x

Appendice x/1

Una struttura algebrica (A,τ) è un gruppo se sono verificate le seguenti proprietà:

1) Chiusura: $a\tau b = c \in A$

2) Elemento neutro: $\exists u \in A$: $a\tau u = a \;\forall\, a \in A$

3) Elemento inverso: $\forall a \in A, \exists a^- \in A$: $a\tau a^- = u$

4) Associativa: $(a\tau b)\tau c = a\tau(b\tau c)$

Se è valida la 5) Commutativa: $a\tau b = b\tau c \;\forall\, a,b \in A$ il gruppo è detto abeliano.

Appendice x/2

Il matematico francese Abraham de Moivre scoprì la famosa formula in relazione alla risoluzione delle equazioni di 3° grado, suggerendo un metodo per estrarre la radice cubica di un numero complesso. Utilizzando una simbologia che, all'epoca, non era né usata né conosciuta, si ponga:

$$\sqrt[3]{(a + bi)} = x + yi \rightarrow a + bi = (x + yi)^3 = x^3 + 3x^2yi - 3xy^2 - y^3i = (x^3 - 3xy^2) + (3x^2y - y^3)i$$

Uguagliando le parti reali e i coefficienti immaginari si ha:

1) $a = (x^3 - 3xy^2)$

2) $b = (3x^2y - y^3)$

Elevando al quadrato e sommando si ha: $a^2 + b^2 = (x^2 + y^2)^3$.

Se $x^2 + y^2 = 1$, ossia se consideriamo numeri complessi di modulo unitario si può sostituire $x^2 = 1 - y^2$ e $y^2 = 1 - x^2$. Da tale sostituzione si ottiene:

1) $a = 4x^3 - 3x$

2) $b = 3y - 4y^3$

A questo punto de Moivre osserva che tali formule sono identiche alle identità goniometriche:

1) $\cos3\theta = 4\cos^3\theta - 3\cos\theta$

2) $\text{sen}3\theta = 3\text{sen}\theta - 4\text{sen}^3\theta$

Da tale osservazione ebbe l'idea di porre: $a = \cos3\theta$ e $b = \text{sen}3\theta$, da cui $x = \cos\theta$ e $y = \text{sen}\theta$, sostituendo si ha:

$\cos3\theta + i\text{sen}3\theta = (\cos\theta + i\text{sen}\theta)^3$

La famosa formula di de Moivre è la generalizzazione di tale idea.

Se, per esempio, volessimo calcolare e rappresentare geometricamente le quattro soluzioni di

$(-16)^{\wedge 1/4}$ si procede così:

1°) Si scrive il corrispondente numero complesso in forma trigonometria:

$$-16 + 0i = 16(\cos 45° + i\mathrm{sen}45°)$$

2°) Si calcolano le quattro radici con la formula $2\{\cos(45° + 2k\pi/4)$
$+ i\mathrm{sen}((45° + 2k\pi/4)\}$.

$$k = 0 \rightarrow 2(\cos 45° + i\mathrm{sen}45°) = \sqrt{2}(1 + i)$$
$$k = 1 \rightarrow 2(\cos 135° + i\mathrm{sen}135°) = \sqrt{2}(-1 + i)$$
$$k = 2 \rightarrow 2(\cos 225° + i\mathrm{sen}225°) = -\sqrt{2}(1 + i)$$
$$k = 3 \rightarrow 2(\cos 315° + i\mathrm{sen}315°) = \sqrt{2}(1 - i)$$

3°) Si rappresentano le quattro soluzione sul piano gaussiano, di-
segnando una circonferenza di raggio 2. La prima soluzione corrisponde al punto B0, sfasato di 45° rispetto all'asse x, aggiungendo
ad esso un angolo di 90° si ottiene la seconda soluzione corrispondente al punto B1, e così via. (v. fig.).

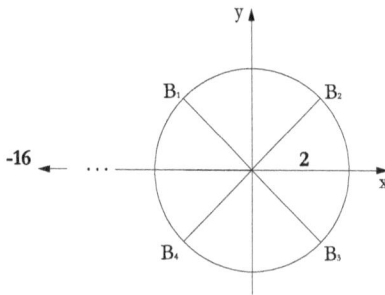

Appendice x/4

Erone diede la nota formula esprimente il perimetro di un triangolo di lati noti.

$$S = \sqrt{p(p-a)(p-b)(p-c)}$$

Nella quale p è il semiperimetro: $p = (a + b + c)/2$. Sostituendo si ottiene:

$$S = \frac{\sqrt{(a-b+c)(-a-b-c)(a-b+c)(a+b-c)}}{4}$$

La formula è attribuita a Erone perché una dimostrazione è riportata nel suo libro *Metrica*. Secondo la testimonianza di al-Biruni (Matematico persiano; Khuwãrizm 973 - Ghazna 1048, il più grande del Medioevo musulmano) la formula sarebbe però da attribuire ad Archimede.

Appendice x/5

Nicolò Fontana detto Tartaglia

La procedura di Nicolò Fontana detto Tartaglia per risolvere l'e-quazione di 3° grado $x^3 = px + q$ (con p>0 e q>0) fu da lui descritta in terzine. All'epoca l'uso della simbologia matematica era quanto mai ridotto, e i calcoli e i procedimenti algebrici erano prevalente-mente descritti a parole. Così egli descrisse il suo procedimento:

Quanto che'l cubo con le cose appresso
se agguaglia à qualche numero discreto
trovan due altri differenti in esso.
Da poi terrai questo per consueto
che'l lor prodotto sempre sia uguale
al terzo cubo delle cose neto.
El residuo poi suo generale
delli lor lati cubi ben sottratti
varrà la tua cosa principale.

Usando la moderna simbologia, le terzine del Tartaglia potrebbero essere così sintetizzate:

$$x^3 = px + q \rightarrow q = u - v, \; uv = (p/3)^3 \rightarrow \sqrt[3]{u} - \sqrt[3]{v} \rightarrow x = \sqrt[3]{u} - \sqrt[3]{v}.$$

Appendice x/6

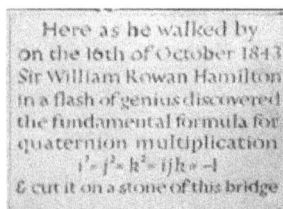

Qui mentre camminava il 16 ottobre 1843 sir William Rowan Ha-milton in un lampo di genio scoprì la formula fondamentale per la moltiplicazione dei quaternioni: $i^2 = j^2 = k^2 = ijk = -1$, e la intagliò su una pietra di questo ponte.

Bibliografia

Calvin C. Clawson: *The Mathematical Traveler: Exploring the Great History of Number*, 2003

W. Beierwaltes: *Pensare l'Uno – Studi sulla filosofia neoplatonica e sulla storia dei suoi influssi*, trad. di M. L. Gatti; Vita e Pensiero, Milano 1992

W. Beierwaltes: Plotino: *Un cammino di liberazione verso l'interiorità, lo Spirito e l'Uno*; introduzione di G. Reale, trad. di E. Paroli; Vita e Pensiero, Milano 1993

G. Reale: *Il concetto di filosofia prima e l'unità della metafisica di Aristotele*; Vita e Pensiero, Milano 1993

Lucio Lombardo Radice: *La matematica da Pitagora a Newton*; Muzzio, Roma 2003

Vittorio Hösle: *I fondamenti dell'aritmetica e della geometria in Platone*, introduzione di Giovanni Reale, traduzione di E. Cattani; Vita e Pensiero, Milano 1994

Carl B. Boyer: *Storia della matematica*; Mondadori, Milano 1990

Marcus Du Santoy: *L'enigma dei numeri primi*; RCS, Milano 2004

Giovanni Prodi: *Matematica come scoperta*; G. D'Anna, Messina – Firenze 1978

Ludovico Geymonat: *Storia del pensiero filosofico e scientifico*; Garzanti, Milano 1970

Jean Dieudonnè: *Algebra lineare e geometria elementare* con una premessa di A. Pescarini; Feltrinelli, Milano 1970

Nikolaj Ivanovic Lobaçevskij: *Nuovi principi della geometria* con saggio introduttivo di L. L. Radice; Boringhieri, Torino 1955

Jean Paul Delahaye: *L'affascinante numero π*; Ghisetti e Corvi, Milano 2003

L. Cateni, C. Bernardi, S. Maracchia: Elementi di Algebra; Le Monnier, Firenze 1983

A. B. Chace: *The Rhind Mathematical Papyrus*; Oberlin, Ohio, USA 1927

J. Borwein: *Ramanujan and Pi*; Scientific American 1987

Eli Maor: e: *The story of a number*; Princeton University Press 1998

Mario Livio: *La sezione aurea*; Rizzoli, Milano 2003

Claudio Lanzi: *Ritmi e riti – orientamenti e percorsi di derivazione pitagorica*; Simmetria, Roma 2003

Aldo Scimone: *La sezione aurea – storia e cultura di un leitmotiv matematico*; Sigma, Palermo 1997

F. Conti, P. Baroncini: *Geometria razionale*; Ghisetti e Corvi, Milano 1981

E. Bovio, G. Repetti: *Geometria*; Lattes, Torino 1986

L. L. Radice: L'infinito: *itinerari filosofici e matematici di un concetto di base*; Editori Riuniti, Roma 1981

P. Zellini: *Breve storia dell'infinito*; Adelphi, Torino 1993

B. Russell: *Introduction to Mathematical Philosophy*; 1919

N. Dodero, P. Baroncini, R. Manfredi: *Elementi di matematica*, vol. 3°, vol. 4°; Ghisetti e Corvi, Milano 1990.

R. Franci, L. Toti Rigatelli: *Storia della teoria delle equazioni algebriche*; Mursia, Milano 1979

P. J. Nahin: *An imaginary Tale: the story of* $\sqrt{-1}$; Princeton University Press 1998

Siti web consultati:

http://www.ulisse.it;

http://www.dti.unimilano.it;

http://www.lcalicheri.racine.ra.it;

http://www.wikipedia.org;

http://www.scienzainrete.it;

http://www.filosofico.net;

http://www.franic.net;

http://www.liceozanella.it;

http://www.magiadeinumeri.it;

http://www.progettomatematica.it;

http://www.oocities.dm.unibo.org;

http://www.areeweb.polito.it;

http://www.itisscannizzaro.it;

http://www.museoomero.it;

http://www.vialattea.it;

http://www.fisica.encyclios.com

Referenze fotografiche:

Autore, v. bibliografia e siti web; i ritratti sono disegnati da Maria Nives Manara.

— Indice —